基礎から学ぶ

Amazon
アマゾン・シュメリアン
Sumerian

[基礎編]

NECソリューションイノベータ株式会社 著

AWS × VR/AR

JN081094

C&R研究所

■権利について

● 本書に記述されている社名・製品名などは、一般に各社の商標または登録商標です。

● 本書ではTM、©、®は割愛しています。

■本書の内容について

● 本書は著者・編集者が実際に操作した結果を慎重に検討し、著述・編集しています。ただし、本書の記述内容に関わる運用結果にまつわるあらゆる損害・障害につきましては、責任を負いませんのであらかじめご了承ください。

● 本書については2021年2月現在の情報を基に記載しています。サービスのアップデートなどにより画面の見た目や操作方法、本書に記載のURLなどが変更になる場合があります。あらかじめご了承ください。

■サンプルについて

● 本書で紹介しているサンプルコードは、C&R研究所のホームページ(http://www.c-r.com)からダウンロードすることができます。詳しくは4ページを参照してください。

● サンプルコードの動作などについては、著者・編集者が慎重に確認しております。ただし、サンプルコードの運用結果にまつわるあらゆる損害・障害につきましては、責任を負いませんのであらかじめご了承ください。

● サンプルデータの著作権は、著者およびC&R研究所が所有します。許可なく配布・販売することは堅く禁止します。

● 本書の内容についてのお問い合わせについて

この度はC&R研究所の書籍をお買いあげいただきましてありがとうございます。本書の内容に関するお問い合わせは、「書名」「該当するページ番号」「返信先」を必ず明記の上、C&R研究所のホームページ(http://www.c-r.com/)の右上の「お問い合わせ」をクリックし、専用フォームからお送りいただくか、FAXまたは郵送で次の宛先までお送りください。お電話でのお問い合わせや本書の内容とは直接的に関係のない事柄に関するご質問にはお答えできませんので、あらかじめご了承ください。

〒950-3122 新潟県新潟市北区西名目所4083-6　株式会社 C&R研究所　編集部
FAX 025-258-2801
『基礎から学ぶ Amazon Sumerian 基礎編』サポート係

本書を手に取っていただき、誠にありがとうございます。

この「基礎から学ぶ Amazon Sumerian 基礎編」は、クラウドコンピューティングサービスであるAmazon Web Servicesで提供されているAmazon Sumerianを使って、VR/ARおよび3Dアプリケーションを作成してみたい人に向けた入門書となります。

さまざまなメディアで2016年は「VR元年」というワードで表現されていましたが、もともと、Virtual Reality（VR）の概念や研究は昔から存在していました。しかし、FacebookのOculus、HTCのVive、SamsungのGear VR、SonyのPlayStation VRなど、多くの企業が一般消費者向けにVRヘッドマウントディスプレイ（VRHMD）を発売したことがきっかけで、市場へのVR普及が進み、世の中のVRに対する関心が急速に高まっていきました。

また、Pokémon GOを皮切りに、現実世界にバーチャルな情報を重畳させて表示するAugmented Reality（AR）も注目されるようになりました。2000年代にスマートフォンの普及が進んだことで、誰もが手軽にAR技術に触れられるようになり、近年では、Nreal社のNreal Light、Magic Leap社のMagic Leap Oneといった眼鏡型のARデバイスも発売されるなど、企業のARに対する関心も高まってきています。ウェアラブルデバイスを通じて、我々の日常生活でARが当たり前になる未来もそう遠くないでしょう。

市場でVR/ARが盛り上がりを見せる中、2017年に開催された「AWS re:Invent 2017」でAmazon社がAmazon Sumerianを発表しました。Amazon Sumerianは、プログラミングなどの専門知識を必要とせず、Webブラウザ上で、VR/ARコンテンツの作成・提供を可能とするサービスとして、世界の注目を浴びました。発表当時、筆者らもはじめてAmazon Sumerianに触れたとき、事前の準備や知識を必要とせず、短時間でVRコンテンツを作成できたことに衝撃を受けました。

Amazon Sumerianは日々進化を続けており、ユーザーガイドも充実してきているため、Amazon Sumerianに興味がある方は、インターネットの情報から独学で進めていくこともできるかと思います。しかし、Amazon Sumerianを含めAWSサービスをはじめて触れるとき、必要となる知識や情報の多さ・質に悩む方もいらっしゃるかと思います。

本書は、Amazon Sumerianの特徴、基本操作をはじめ、簡単なVR/ARコンテンツの作り方を説明した「基礎編」となります。本書を読み進めていくことで、Amazon Sumerianの基礎知識を体系的に身に付けられます。また、本書とは別に、Amazon Sumerianと他のAWSサービスの連携について説明した「基礎から学ぶ Amazon Sumerian 応用編」がありますが、最初に本書を読んでおくことで応用編の理解がしやすくなると思います。

本書が、Amazon Sumerianを知るきっかけとなり、皆さまのさらなる探求に繋がれば幸いです。

2021年3月

NECソリューションイノベータ株式会社

平尾 義之

本書について

||| 対象読者について

本書はAmazon Web Services（AWS）の基本操作や、VRデバイスのセットアップ、Androidアプリケーションの開発や、HTML、JavaScriptなどのプログラミングの知識がある読者を対象としています。本書ではそれらの基礎知識については解説を割愛しています。あらかじめご了承ください。

なお、Amazon Sumerianと他のAWSとの連携など、さらに高度な内容を知りたい場合は、『基礎から学ぶ Amazon Sumerian 応用編』を参照してください。

||| 本書に記載したソースコードの中の▼について

本書に記載したサンプルプログラムは、誌面の都合上、1つのサンプルプログラムがページをまたがって記載されていることがあります。その場合は▼の記号で、1つのコードであることを表しています。

||| サンプルファイルのダウンロードについて

本書で入力しているソースコードなどはサンプルデータとしてC&R研究所のホームページからダウンロードすることができます。そのデータを入手するには、次のように操作します。

❶ 「http://www.c-r.com/」にアクセスします。

❷ トップページ左上の「商品検索」欄に「342-3」と入力し、[検索]ボタンをクリックします。

❸ 検索結果が表示されるので、本書の書名のリンクをクリックします。

❹ 書籍詳細ページが表示されるので、[サンプルデータダウンロード]ボタンをクリックします。

❺ 下記の「ユーザー名」と「パスワード」を入力し、ダウンロードページにアクセスします。

❻ 「サンプルデータ」のリンク先のファイルをダウンロードし、保存します。

サンプルのダウンロードに必要な
ユーザー名とパスワード

| ユーザー名 | amsrn |
| パスワード | x8r4w |

※ユーザー名・パスワードは、半角英数字で入力してください。また、「J」と「j」や「K」と「k」などの大文字と小文字の違いもありますので、よく確認して入力してください。

||| サンプルファイルの利用方法について

サンプルはZIP形式で圧縮してありますので、解凍してお使いください。

CONTENTS

■CHAPTER 03

Amazon Sumerianの画面構成と基本操作

■CHAPTER 04

Amazon SumerianでVRデバイスを使ってみよう

■CHAPTER 05

Amazon SumerianでARデバイスを使ってみよう

CHAPTER 01

xRの概要

xRとは

xRとは、近年よく耳にする、Virtual Reality（以降、VR）、Augmented Reality（以降、AR）、Mixed Reality（以降、MR）を総称した言葉です。本書ではxRと呼んでいますが、他にもX-Realityや、Cross Reality、またはExtended Realityとも呼ばれています。

VRやAR、MRは概念として広まっているようで、定義が曖昧なまま使われていることが多いです。本節では日本バーチャルリアリティ学会が発行する書籍『バーチャルリアリティ学』（コロナ社刊）を参考に解説します。

VR/AR/MRの関係性

MRという言葉は、1994年にトロント大学のポール・ミルグラム教授が発表した論文ではじめて登場しました。論文では、リアル世界とバーチャル世界はどちらか一方しか存在しないのではなく、混ざり合った状態がいくつも連続的に存在すると定義されており、リアル世界とバーチャル世界が混ざり合った状態をMRとして提唱しました。

MRを分類すると、「リアル世界をベースにしてバーチャル世界の一部を反映した状態」と、「バーチャル世界をベースにしてリアル世界を反映した状態」に分けられます。この分類の前者をAR、後者をAugmented Virtuality（以降、拡張VR）と呼びます。

●xRの関係図

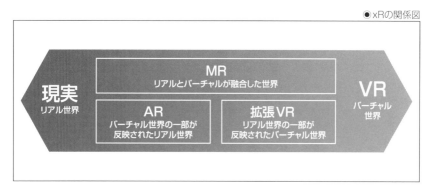

現実
リアル世界

MR
リアルとバーチャルが融合した世界

AR
バーチャル世界の一部が
反映されたリアル世界

拡張VR
リアル世界の一部が
反映されたバーチャル世界

VR
バーチャル
世界

VRとは

VRは「現実そのものではないが、実質的には現実と同じ空間あるいは人工物」とされています。VRの他に、仮想現実、バーチャルリアリティ、人工現実感とも呼ばれています。「仮想現実」という言葉から誤解されることが多いですが、バーチャルは「仮に想定する」ではなく、「実質的に現実と同じ」という意味になります。

たとえば、「バーチャル地震避難訓練」という言葉を聞いたときに、どのようなイメージを持つでしょうか？ もし「地震が起きたという設定で、警報が鳴り、アナウンスにしたがって机の下に潜り、安全な場所に退避する」といった避難訓練を想像していれば、バーチャルを「仮に想定する」と誤って理解しているかもしれません。一方で、「起震車などの装置を使って、地震と同様の揺れの中で机の下に潜り、揺れが収まってから避難する」といった避難訓練を想像していればバーチャルを正しく理解しているといえるでしょう。「バーチャル地震避難訓練」は、「地震発生を仮に想定した避難訓練」ではなく、「地震発生時と実質的に同じ状況での避難訓練」が正しい訳となるためです。

ITに詳しい人は、バーチャルを「仮想」と訳した別のケースをイメージすることも正しく理解する上で有効です。バーチャルを仮想と訳したケースとしてコンピュータの仮想化（Virtualization）があります。サーバー仮想化の例では、ハードウェア上のCPUやメモリなどのリソースを抽象化して、複数のサーバーとして見なせるように分割したり、まとめて1つのサーバーとして見なせるように統合したりします。物理的に存在するサーバー（物理サーバー）と仮想化技術によって稼働するサーバー（仮想サーバー）とは、ハードウェア面での扱いは大きく変わりますが、ユーザーから見ると物理サーバーと同じようにリソースを利用できます。

VRにおいても、現実とまったく同じである必要はありませんが、ユーザーから見たときに現実と同じ価値を持つことが重要になります。なお、仮想サーバーと物理サーバーの関係にならうと、本書では「現実」と呼ぶリアル世界は「物理現実」と呼ぶのが正確かもしれません。

ARとは

ARは「現実にVRの情報を重畳して提示することで、現実にVRの持つ機能を与え、現実における情報活動を支援する概念」とされています。ARの他に、拡張現実（感）とも呼ばれています。たとえば、漫画『ドラゴンボール』に出てくるスカウターという特殊なメガネがARに該当します。スカウターを装着すると、戦闘力という強さを示す数値が、視界にいる相手に重畳して表示されます。対戦相手の強さという重要な情報の把握をスカウターが支援することで、相手との戦闘を有利に進められます。

拡張VRとは

拡張VRは「現実の人やモノ、環境をモデル化してVRに統合することで、インタラクションを可能にする概念」とされています。拡張VRの他に、AugmentedVRやAVR、AVとも呼ばれています。たとえば、(現実を遮断している)VRの場合、リアル世界で近くにいる人に話しかけたいときや、近くにあるソファに腰掛けたいときには、いったんヘッドマウントディスプレイ(以降、HMD)を外すなどしてバーチャル世界からリアル世界に戻ってくる必要があります。一方で、拡張VRでは、リアル世界で近くにいる人やソファがバーチャル世界にも存在するため、バーチャル世界にいながらリアル世界の人と会話したりソファに腰掛けたりできます。

MRとは

MRは、「VRと現実を融合する概念」とされています。MRの他に、複合現実(感)や混合現実(感)と呼ばれています。先述のように、ARと拡張VRをまたがる概念です。ARはリアル世界をベースとし、拡張VRはバーチャル世界をベースとしますが、MRはこの前提を設けず、リアル世界とバーチャル世界の融合を目指します。

xRの特長

xRの主な特長を、ビジネスシーンでの事例や経験を交えて、次の5つの観点で解説します。

- 体感できる
- 安全に経験できる
- 現実の制約を排除できる
- ログを残せる
- ながら作業ができる

それぞれ詳しく見ていきます。

||| 体感できる

言葉や文字、映像だけでは想像が難しいことでも、xRでは直感的に伝えられます。

たとえば、家具のカタログを見ながら、部屋に家具を設置した状態を正確に想像できる人は少ないでしょう。しかし、ARを用いて現実の部屋にCGで作成された家具を配置することで、「部屋と家具の色合いやサイズ感がマッチしているか」といったことを想像しなくても直接、見て確認できます。

||| 安全に経験できる

現実では危険性が高く、容易に経験できないことも、xRでは安全に経験できます。

たとえば、建設業では、高所に慣れたことで安全帯などの順守事項の意識が低下している作業者に対して、VRで安全かつリアルに落下事故の恐怖を体験してもらうことで、高所作業の危険を再認知をしてもらう訓練が行われています。

||| 現実の制約を排除できる

VRでは、バーチャル世界で起きる事象を自由にコントロールできます。

たとえば、現実では同じ状況は二度と起きませんが、VRでは同じ状況を意図的に作り出すことができるため、条件を統制して実験データを取得することが必要なユーザーテストで活用されています。他にも、VRで物がゆっくり動くバーチャル世界を作ることで、けん玉やテニスを効果的にトレーニングする方法が提案されています。

||| ログを残せる

xRでは、自然な表現をするために、頭の位置や手の動き、物の形、視線など、さまざまなセンサーが用意されています。これらのセンサーを用いることで、ログを容易に取得できます。

たとえば、視線ログを用いた店舗の商品棚レイアウトの分析や、手の動作ログから工場の生産ライン作業でのムリ、ムラ、ムダを分析するなどの活用がされています。

▎▎▎ ながら作業ができる

　ARを用いることで、ハンズフリーによる情報の閲覧が可能になります。

　たとえば、航空機のメンテナンスにおいて、スマートグラスに表示した作業手順書を見ながら、両手をつかって整備作業をする、といった活用がされています。

xRの動向

　現在、xRではVRとARの実用化が進んでいます。

　VRであればHMD、ARであればスマートグラスのように、視覚に提示する（見る）デバイスを用いることが一般的です。今後は、力触覚（重さや手触り）、温覚（温もりや冷たさ）、嗅覚（匂い）といった多様な感覚を表現する技術の実用化が期待されています。また、操作方法について、現状はコントローラを用いることが多いですが、徐々に音声認識、ジェスチャー認識などを用いた自然な操作方法を実現する技術も登場しています。

　拡張VRとしては、手に持った道具やボールなどの位置情報をバーチャル世界にも反映させるスポーツトレーニングや、リアル世界の時間の流れがバーチャル世界の中にも影響を与えるゲームなどが出てきています。今後、リアル世界を認識してバーチャル世界に反映する要素技術が確立することで、拡張VRの実用化が進むと考えられます。たとえば、Facebook社は人間の顔や表情をリアルタイムで再現できる技術「Hyper-realistic Virtual Avatars」を発表しました。下図の左側がリアル世界にいる男性です。HMDをしていて表情がわかりません。下図の右側はこの技術で作られたアバターです。顔や表情をリアルタイムで高精度に再現しています。この技術を用いることで、バーチャル世界においても、リアル世界と同じような会話が可能になると期待されています。

●Facebook社のHyper-realistic Virtual Avatars

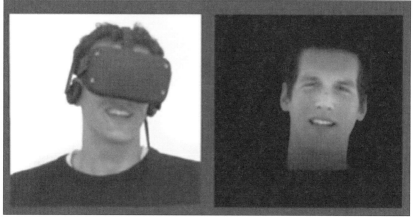

　MRは、リアル世界とバーチャル世界のどちらも違和感なく体験できるデバイスがないことから、AR領域を除いて実用化は進んでいませんでした。しかし近年、高品質なパススルーを持つHMDが登場したことで、徐々にこの課題も解決に向かっています。パススルーとは、HMDをつけたままカメラを通じて現実を確認できる機能を指します。たとえば、2019年にVarjo社が発表した「XR-1」というHMDは、人間の目と同等といわれる高解像度のカメラとディスプレイを持っており、パススルーによって違和感少なくリアル世界を見ることができます。

●XR-1 Developer Edition（Varjo社）

　下図のように、リアル世界の何もない部屋に対して車両を出現させたり、徐々に壁や床を
バーチャル世界に切り替えたり、リアル世界とバーチャル世界がシームレスに融合したMRを
体験できます。

●XR-1による現実とVRの融合

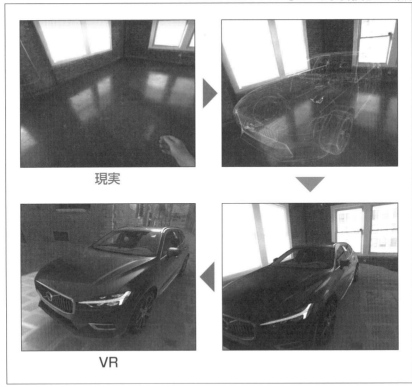

▌▌▌デバイス

実用化の進むVRとARに着目してデバイスを紹介します。

▶ VRデバイス

現在のVRではHMDを用いることが一般的です。HMDは「モバイル型」「OS一体型」「PC接続型」の大きく3種類にわけられます。どのタイプを選ぶかによって処理性能や、予算、自由度、操作方法など大きく異なります。なお、自由度のことをDoF（Degree of Free）と呼びます。3DoFであれば、回転運動のみがVRに反映されます。6DoFであれば、回転運動に加えて前後上下左右の位置変化もVRに反映されます。

●3DoF

●6DoF

下記に各タイプの特徴を説明します。

● モバイル型

モバイル型は、レンズ付きケース内部にスマートフォンをセットして使用します。もともと持っているスマートフォンを活用すれば数百円から千円程度で用意できます。代表例としてハコスコ社のダンボール製HMDがあります。

コントローラが付属していないHMDが多いことや、頭の上下左右の位置がVRに反映されない（3DoF）ことから、アーティストのライブ鑑賞など少ない操作で成立するコンテンツと相性がいいです。

● モバイル型HMD

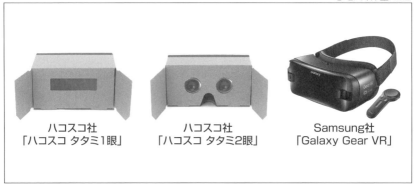

ハコスコ社
「ハコスコ タタミ1眼」

ハコスコ社
「ハコスコ タタミ2眼」

Samsung社
「Galaxy Gear VR」

● OS一体型

OS一体型は、ディスプレイ、コンピュータ、バッテリーなどのVRコンテンツを動作させるために必要なハードがすべて備わっているHMDです。初期設定やアプリインストールなどを除けば、PCやその他機器に接続しなくてもスタンドアローンでVRの体験が可能です。価格も2万円台から購入が可能です。コントローラや6DoFトラッキングが搭載されている機種も多く、VR専用HMDならではの高品質なVRを体験できます。しかし、PC接続型と比べると処理性能が低いため、PC接続型で問題なく動作していたコンテンツでも動かないことがあります。スタンドアローンタイプの代表例としては、HTC社「Vive Focus」、Oculus社「Oculus Go」があります。

● OS一体型HMD

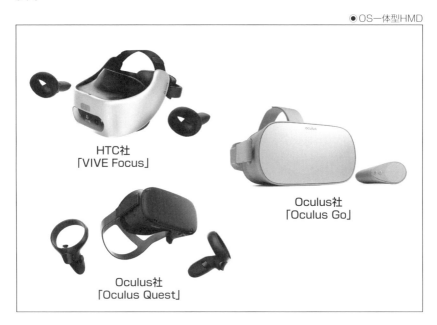

HTC社
「VIVE Focus」

Oculus社
「Oculus Go」

Oculus社
「Oculus Quest」

● PC接続型

PC接続型は、VRに対応したPC（VR Ready認証のPC）とつなげて動作をさせます。20万円以上の予算や、持ち運びに向かない大きさから、パフォーマンス重視のコンテンツや研究開発といった用途でよく見られます。代表例としてHTC社「VIVE Cosmos」やOculus社「Oculus Rift S」があります。

● PC接続型HMD

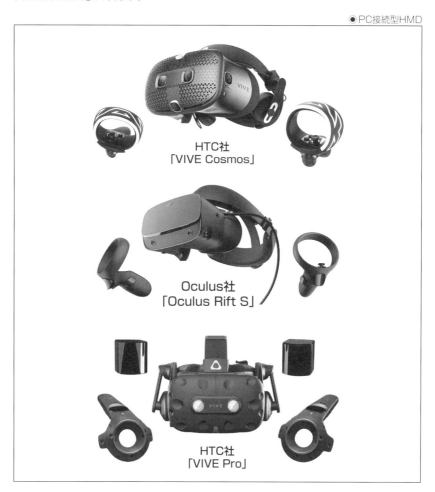

HTC社
「VIVE Cosmos」

Oculus社
「Oculus Rift S」

HTC社
「VIVE Pro」

PC接続型では、画質やリフレッシュレート、リアルタイムな演算・フィードバックなど、負荷の高い処理に対しても、PCのスペックを上げることで改善できます。

また、PCに対応したデバイスとの連携が比較的容易に実現できます。たとえば、PC接続型HMDと、香り発生デバイス「VAQSO VR」を組み合わせて、「棚にある商品を手に取ると、商品の匂いを感じる」といったVRのシステムが実現されています。

● VAQSO VR

▶ ARデバイス

ARには、リアル世界にデジタル情報を重畳して表示できるデバイスが必要です。ARデバイスは大きく「モバイル型」「メガネ型」の2種類に分けられます。下記に各タイプの特徴を説明します。

● モバイル型

iOSやAndroidのスマートフォンを用いて、カメラ映像にデジタル情報を重畳して表示する方式です。代表的なアプリケーション例としてNiantic社の「Pokémon GO」があります。多くの人が持っているスマートフォンを活用できるため、開発者もユーザーも初期コストを抑えられます。

● モバイル型ARの例(Niantic社のPokémon GO)

出典 :https://www.pokemongo.jp/howto/play/

　本来のARでは、リアル世界の中にデジタル情報が表示される状態が理想的です。モバイル型のように、スマートフォンの画面越しにリアル世界を覗き込むと、大きさや位置関係などの解釈に時間がかかることがあります。そのため、カタログにある家具を部屋に配置したときのサイズ感を確認するような、十分に時間をかけられる状況で使うコンテンツが多いです。

● メガネ型

　メガネ型は視界の一部に文字や画像、CGなどを表示できます。床や壁などの現実の位置・形状を認識することで現実にぴったりと位置をあわせて表示できるハイエンドのデバイスから、現実を認識せずに表示するだけのデバイスまでさまざまあります。ハイエンドの代表例は、Microsoft社の「Hololens 2」、Magic Leap社の「Magic Leap 1」です。その他のメガネ型の例として、Google社「Glass」やVuzix社「M400」があります。

◉ハイエンドのメガネ型ARデバイスの例

| Microsoft社 | Magic Leap社 | Nreal社 |
| 「Hololens 2」 | 「Magic Leap 1」 | 「NrealLight」 |

◉その他メガネ型ARデバイスの例

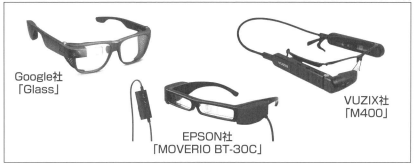

Google社
「Glass」

EPSON社
「MOVERIO BT-30C」

VUZIX社
「M400」

21

⫸ ユースケース

これまで実用化されているVR/ARを中心にxRの動向について紹介してきました。本章の最後に、xRの特長をいかしたユースケースを紹介します。

▶ 安全意識向上研修

高所落下や挟まれ、感電など、人命にかかわる事故をVRで体験させることで、安全意識を高めるという研修が行われています。主に、製造や建築などの現場を持つ企業で活用が進められています。下は工場内での接触事故を起こすVRの例になります。

●安全意識向上VRの例

▶ 現場実践トレーニング

現場作業における厳密に定められた手順やルールをVRで繰り返し練習することで、品質や効率を高める研修が行われています。主に、製造や飲食などの現場を持つ企業で活用が進められています。体感しながら学習することで、演習と同じように実践力を身に付けられます。また、身体の動きのログを取得することで、その場にコーチがいなくても問題動作があればチェックやアドバイスができます。

下図は、感染症ワクチン製造における無菌作業を学ぶためのVRトレーニングの例です。20種類の遵守事項に違反しないようにワクチン製造作業の練習を繰り返すことで品質の高い作業方法を体得できます。

● 生産性向上トレーニングVRの例

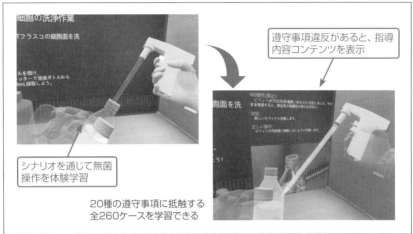

▶ デザインレビュー

デザインの途中段階のものをVRで実際に確認することで、机上ではわからないデザインの問題点や価値を発見するデザインレビューに使われています。

下図は、設計中のドアの乗降快適性・商品性をレビューした例です。自動車のドア、車両および周辺環境をVRで実現し、ドアの速度や隣の車の位置などのパラメータを変えてVRでユーザーテストを行い、定量的に最適なパラメータを把握しました。このように物理的にモックアップを作るまえにVRを用いれば、きめ細かなパラメータ変更や試作費用の削減が狙えます。

● デザインレビューVRの例

▶遠隔コミュニケーション

ホワイトカラーの会議や不動産の商談などで、遠隔にいる関係者とコミュニケーションをとる際に利用されています。

下図は、企業内のコミュニケーションにVRを活用した例です。昨今、VRでの会議はさまざまなサービスが開始されていて、大型ディスプレイやホワイトボードなどの通常の会議室同様の機能だけでなく、3Dモデルデータ表示や音声テキスト化、自動翻訳といった現実では難しい機能も実現されているケースあります。

●遠隔コミュニケーションVRの例

また、病院、製造、流通、店舗、メンテナンスなどの現場の最前線で働く作業者と支援者がコミュニケーションをとる際にも利用されています。

下図は、作業者と支援者のコミュニケーションにARを活用した例です。映像と音声を共有し、リアルタイムで遠隔の業務を支援します。熟練者が1つの現場に拘束されず、複数の現場を支援することで作業の正確性を高められます。

●遠隔コミュニケーションARの例

▶ ナビゲーション

　自動車や航空機の運転や、機械のメンテナンスなどの作業支援ナビゲーションとしてARが使われています。マニュアルやガイドといったデジタル情報を現実空間に重畳して表示することで、直感的な理解を支援します。両手を使う作業をする場合には、透過型ディスプレイやスマートグラスなどの視野に直接表示するHUD（Head-Up-Display）を用いることが多いです。

　下図は、ARを用いた道案内アプリケーションの例です。この他にも、店舗やショッピングモールでの商品探索、倉庫や棚での検品・仕分け、オフィスビルや学校の中での人探しなど、さまざまなシチュエーションでも活用が想定されます。

●ナビゲーションARの例1

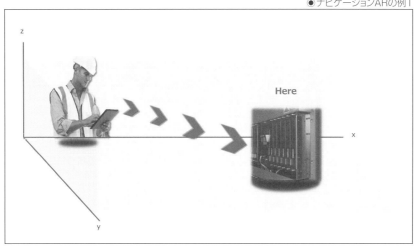

●ナビゲーションARの例2

CHAPTER 02

Amazon Sumerianについて知ろう

Amazon Sumerianとは

　本章では、Amazon Sumerianについて学ぶ上で必要となる基礎知識を押さえていきましょう。Amazon Sumerianは、Amazon.com（以降、Amazon）が提供しているクラウドコンピューティングサービスであるAmazon Web Services（以降、AWS）のVR/ARコンテンツ作成サービスです。

　Amazon Sumerianは、プログラミング経験やVR/ARの技術知識といった専門知識がなくても簡単に始めることが可能で、WebブラウザベースでVR/ARおよび3Dのコンテンツの作成と公開ができます。

▌Amazon Web Servicesとは

　AWSは、インターネット経由でITリソースを利用できる「クラウドコンピューティングサービス」として、2006年にAmazonよりリリースされました。

　クラウドコンピューティングサービス（以降、クラウド）とは、インターネット経由でコンピューティング（サーバー）、ストレージ、データベース、アプリケーションをはじめとした、さまざまなITリソースを利用できるサービスの総称です。

　サービスの利用者はインターネットに接続できるPCがあれば、必要なときに必要な量のリソースへ手軽にアクセスできます。クラウドサービスの利用料金は実際に使った分だけ支払うといった従量課金制となります。

　クラウドは、IT環境を構築するために必要となるコンピューティング（サーバー）をインターネット上で提供する「IaaS（Infrastructure as a Service）」、OSやデータベース、またはサービス利用者が作成したアプリケーションを実行するための環境を提供する「PaaS（Platform as a Service）」、インターネット経由でベンダーが提供するソフトウェアをサービス利用者へ提供する「SaaS（Software as a Service）」の3つに分類されます。

　AWSではIaaSだけに留まらず、PaaSやSaaSまで幅広いサービスが提供されています。Amazon Sumerianは、PaaSの1つとして、2017年11月の「AWS re:Invent 2017」でプレビュー公開が発表され、2018年5月に海外リージョンで一般公開が始まり、6月に東京リージョンで提供されるようになりました。Amazon Sumerianは現在も機能のバージョンアップが頻繁に行われており、公式サイトのチュートリアルやユーザーガイドも充実してきています。

●Amazon Sumerianの発表

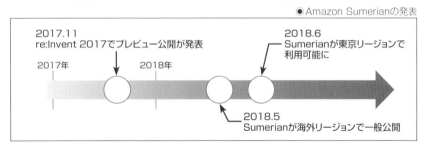

SECTION-005

Amazon Sumerianの特徴

　Amazon Sumerianは、AWSが運用管理しているフルマネージド型のVR/AR開発プラットフォームであり、コンテンツの作成や公開に関する作業をブラウザ上で完結できます。AWS上で開発環境がすでに用意されているため、利用者が自分のPCへUnityやUnreal Engineといった3D開発環境をインストールする必要はなく、AWSのサービスを利用できるアカウント（以降、AWSアカウント）とWebVR対応ブラウザ（Google Chrome、Mozilla Firefox）があればすぐにAmazon Sumerianを始められます。

　Amazon Sumerianでは、あらかじめ用意されているVR/ARコンテンツのテンプレートや、プログラムレスで3Dオブジェクトのイベントを設定できる「ステートマシン」を利用すると、GUI操作だけで簡単なVR/ARコンテンツを作成できます。Amazon Sumerianの基本的な操作方法については、CHAPTER 03で紹介します。

　また、あらかじめ組み込まれているAWS SDKを使用することで、AWSが提供している他のサービスとAmazon Sumerianを統合できます。他のサービスが持つ機能を組み合わせることで、多種多様なVR/ARコンテンツを作成できます。

　たとえば、Amazon Sumerianでは「Amazon Sumerian Host」（以降、Sumerian Host）と呼ばれる3Dキャラクターが用意されています。この3Dキャラクターに、AWSのサービスであるAmazon Polly（テキスト読み上げサービス）、Amazon Lex（音声認識、自然言語理解サービス）を統合することで、バーチャルコンシェルジュとして利用者との魅力のある会話を実現できます。Amazon SumerianとAWSの他サービスとの統合については、『基礎から学ぶ Amazon Sumerian 応用編』のCHAPTER 01で紹介します。

●Sumerian Host

　Amazon Sumerianで作成したVR/ARコンテンツは、AndroidやiOSのモバイルデバイス、Oculus RiftやHTC Vive ProといったVR/ARでよく利用されているハードウェアを始め、WebVR対応ブラウザ（Google Chrome、Mozilla Firefox）でも体験できます。

●Sumerianが動作可能な環境（一例）

モバイル型
Android　　　iOS

PC接続型
Oculus Rift　　　HTC Vive Pro

OS一体型
Oculus Quest　　　Oculus Go

WebVR対応ブラウザ
Google Chrome　　　Mozilla Firefox

02

Amazon Sumerianについて知ろう

Amazon Sumerianの料金体系

　Amazon SumerianでVR/ARコンテンツを作成する上での初期費用はなく、ライセンス料金の発生もありません。Amazon Sumerianでかかる費用としては大きく次の3つに分かれます。また、費用は使用するリージョンに応じて異なりますが、本節では東京リージョンでAmazon Sumerianを使用した場合に掛かる費用について紹介します。

費用種別	1カ月の利用料金	詳細
シーンのストレージ	0.06USD/GB	下記のサイズを合計したストレージサイズに応じて計算される。ストレージサイズの合計は、Amazon SumerianのDashboardで確認できる（Dashboardの詳細は36ページ参照）。 ・Amazon Sumerianにアップロードしたオブジェクトファイルサイズ ・Amazon Sumerianで作成したオブジェクトファイルサイズ
シーンのトラフィック	0.38USD/GB	コンテンツを編集するとき、またはコンテンツを公開したときに、コンテンツの表示回数に伴うトラフィック量に応じて計算される
AWSサービスの利用料	使用するAWSサービスの料金に準じる	シーンで使用するAWSサービスの利用料金を合計し計算される AWSサービスの利用料金（一例） ・Sumerian Hostsで利用するAmazon Lexに対する音声リクエスト件数（0.004USD/件） ・Sumerian Hostsで利用するAmazon Pollyに対するプレーンテキストまたは音声合成マークアップ言語（SSML）に使用する文字数（0.0000048USD/字）

ONEPOINT　AWSサービスの無料利用枠について

　新規にAWSへサインアップした場合、AWSサービスごとに無料利用枠が提供されます。AWSへサインアップ後、Amazon Sumerianの場合は、最初の1年間（12カ月）は最大50MBまでのシーンの作成と、1カ月あたり100回までの表示（5GB相当）が無料で使用できます。AWSサービスごとの無料利用枠についてはAWSの公式サイトで確認してください。

URL https://aws.amazon.com/jp/free/?all-free-tier.sort-by
　　　　=item.additionalFields.SortRank&all-free-tier.sort-order=asc

Amazon Sumerianのユースケース

Amazon SumerianはAWSサービスと統合させることで、次のようなユースケースで活用できます。本書では、ユースケースの参考として、Amazon SumerianとAWSサービスを統合した応用例をCHAPTER 07で紹介します。

- 会社の従業員に対して実作業のシナリオをシミュレートできる教育コンテンツを提供する
- 市販製品の購入を検討している人に対して商品を可視化し、そのブランドサービスの体験からエンゲージメントを向上させる
- 360度動画を利用した疑似的な旅行体験を提供する
- Sumerian Hostによるバーチャルコンシェルジュを導入して利用者に対してガイドする

COLUMN AWSのサービスが提供されているリージョンとは

「リージョン」とは、Amazon Sumerianを含むAWSのIaaS、PaaS、SaaSが提供されている、データセンター群が集積された物理ロケーションのことを指します。

AWSでは世界で24のリージョンが運営されており、各リージョンは「アベイラビリティゾーン(Availability Zone(AZ))」と呼ばれるデータセンター群を複数束ねたもので構成されています。現在、世界で80、日本だけでも5つのアベイラビリティゾーンが運営されています。

●AWSグローバルインフラストラクチャマップ

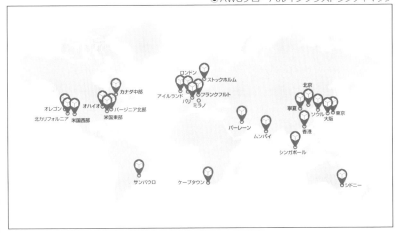

02

Amazon Sumerianについて知ろう

COLUMN	WebVRとは

　WebVRは、Webブラウザ上でVRヘッドマウントディスプレイ(以降、VRHMD)の位置、向き、加速度といった情報を取得するために用いられるJavaScriptのAPI(アプリケーションプログラミングインタフェース)です。WebVR APIが対応しているWebブラウザ(Google Chrome、Mozilla Firefox)を利用することで、PCとVRHMDを接続するとWebブラウザ上でVR体験が可能になります。

　2019年12月にリリースされたGoogle Chromeのバージョン79では、用途がARまで拡大された「WebXR Device API」が実装されています。

COLUMN	Amazon Sumerianの活用事例の公開

　AWSの公式サイトでは、企業におけるAmazon Sumerianの活用事例が公開されています。詳細については、下記URLを確認してください。

URL https://aws.amazon.com/jp/solutions/case-studies/
electronic-caregiver/

URL https://aws.amazon.com/jp/solutions/case-studies/fidelity/

CHAPTER 03

Amazon Sumerianの
画面構成と基本操作

Amazon Sumerianの画面構成

　本節では、VR/ARコンテンツの作成で使用するAmazon Sumerianの主要な画面の構成について解説します。本節で解説する画面は、下記となります。

■1 Dashboard
■2 Editor
■3 Text Editor
■4 State Machine Editor
■5 Timeline Editor

▓ Dashboardの画面構成

　Dashboardは、AWSマネジメントコンソールからAmazon Sumerianへアクセスしたときに最初に表示される画面です。Dashboardでは、VR/ARコンテンツを構成するオブジェクトやアニメーション設定が定義された3D空間を指す「シーン」を始め、シーン内で使用する画像、サウンド、スクリプトなどを指す「アセット」、ある時点でのシーンをコピーした「テンプレート」、シーンやテンプレートなどのコレクションを指す「プロジェクト」を管理できます。

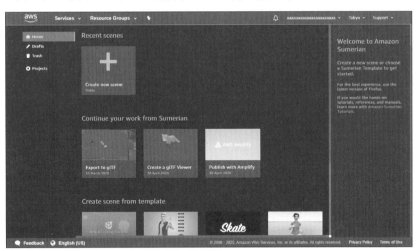

▶ Home

　Homeは、Dashboardへアクセスしたときに初期状態として選択されています。Homeでは、下表のことができます。

表示名	内容
Recent scenes	利用者が直近で編集したシーンへアクセスできる
Create new scene	新規にシーンを作成できる
Create scene from template	Amazon Sumerianであらかじめ用意されている、または利用者が作成した独自のテンプレートからシーンを作成できる

▶ Drafts

　Draftsは、プロジェクトに属していないシーンである「ドラフト(下書き)」の一覧です。プロジェクトとシーンの関係は後述で解説します。Draftsでは下表のことができます。

表示名	内容
New Scene	新規にシーンを作成できる。Homeの「Create new scene」と同じ機能
Open	選択しているシーンへアクセスできる

　Draftsでは、シーンを選ぶと、Details Panelにシーンの詳細情報が表示されます。Details Panelではシーンに対して、下表のことができます。

表示名		内容
Thumbnail		シーンのサムネイルを登録できる
Name		シーンの名称を設定できる
Description		シーンの説明を設定できる
Tags		フィルターの条件に使用するタグを設定できる。タグ名を入力し、「＋アイコン」を選ぶと、複数のタグを設定できる。タグを削除する場合は、Trashアイコンを選択する
Actions	Open in the Editor	選択したシーンをEditorで起動できる。Draftsの「Open」と同じ機能
	View Published	シーンを公開している場合は、公開URLに対してアクセスできる。シーンを公開していない場合は、選択できない
	Move	シーンをDraftsや作成済みのプロジェクトへ移動できる
	Copy	シーンをコピー(複製)する。コピー先としてDraftsまたは作成済みのプロジェクトを選べる
	Duplicate	シーンをコピー(複製)する。コピー先はDraftsになる
	Delete	シーンを削除できる。ただし、この削除は、後述のTrash(ごみ箱)への移動のみとなる。シーンを完全に削除したい場合は、Trash(ごみ箱)で削除操作を行う必要がある

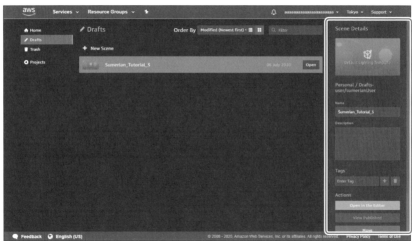

▶ Trash

　Dashboardで利用者が削除したデータ(プロジェクト、シーン、テンプレート、アセット)は、Trash(ごみ箱)に移動されます。Trashのデータは、手動で完全削除を行わない限り、永続的に保存されます。そのため、利用者が誤ってデータを削除した場合でも、Trash(ごみ箱)からいつでもデータを復元できます。Trashでは、下表のことができます。

表示名		内容
Actions	Restore	選択したデータを復元できる
	Permanently Delete	選択したデータを完全に削除できる

ONEPOINT | **Trashとストレージ利用料の関係について**

　　Trash内のデータは利用者が明示的に削除しない限り永続的に保存されるため、い つでも復元できる一方で、保存データが増えていくとAmazon Sumerianの利用料が 上がってしまう可能性があります。CHAPTER 02で解説した料金体系の1つにシーンの ストレージ利用料があります。このストレージ利用料は、Trash内のシーンに対しても発生 してしまうため、Trashのデータはこまめに削除することを推奨します。

▶ Projects

　　Projectsは利用者が作成したシーンやテンプレートなどのコレクションを指す「プロジェクト」 の一覧です。プロジェクトは利用者が作成したシーンを始め、シーンで利用するアセットやテン プレートを管理できるフォルダの様な概念です。複数名の開発者でVR/ARコンテンツの開発 を行う場合、プロジェクトを共有フォルダとして利用できるので、フォルダ内のデータを開発者 の間で共有できるようになります。前述の「ドラフト（下書き）」も、プロジェクトの1つとなりますが、 開発者が個人利用するためのプロジェクトになるため、シーンの作成者以外との共有はでき ません。そのため、作成したシーンを他の開発者と共有したい場合は、プロジェクト配下でシー ンを作成するか、シーンを作成した後にDraftsからプロジェクトへ移動してください。Projects では、下表のことができます。

表示名	内容
New Project	新規にプロジェクトを作成できる。作成すると自動でプロジェクト内に移動する
Open	選択しているプロジェクトを表示できる

　　プロジェクトを作成すると、プロジェクトが自動で表示され、Details Panelにプロジェクトの 詳細情報が表示されます。Details Panelではプロジェクトに対して、次ページの表のことが できます。

表示名		内容
Thumbnail		プロジェクトのサムネイルを登録できる
Name		プロジェクトの名称を設定できる
Description		プロジェクトの説明を設定でる
Actions	Copy	プロジェクトをコピー（複製）する。コピー先としてProjects配下のみが選択できる
	Delete	プロジェクトを削除できる。DraftsのDeleteと同様に、Trash（ごみ箱）への移動のみとなる。プロジェクトを完全に削除したい場合は、Trash（ごみ箱）で削除操作を行う必要がある
Published URLs		プロジェクト配下に存在するシーンの公開URLのリストが表示され、公開URLに対してアクセスできる。シーンを公開していない場合は、「There are currently no published scene in this project.」のエラーメッセージが表示される

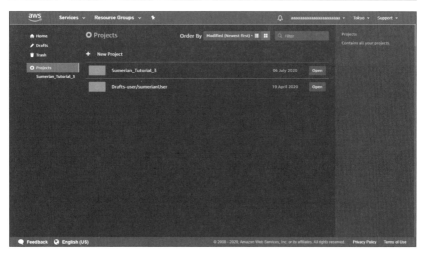

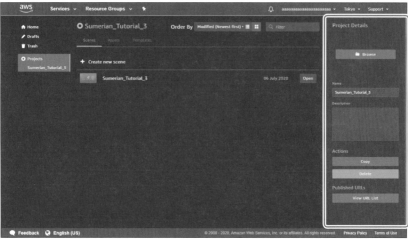

03 Amazon Sumerianの画面構成と基本操作

40

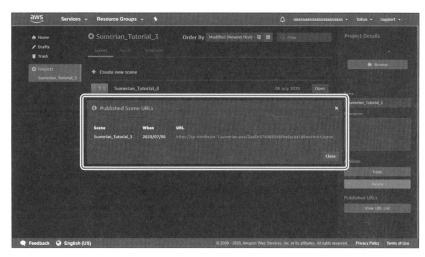

プロジェクトを作成すると、そのプロジェクト配下にシーンを作成できます。個々のプロジェクトに対して、下表のことができます。

表示名	内容
Create new scene	プロジェクト配下に新規にシーンを作成できる。Homeの「Create new scene」やDraftsの「New Scene」と同じ機能
Open	選択しているシーンへアクセスできる

プロジェクト配下に作成したシーンを選択すると、Draftsと同様に、Details Panelにシーンの詳細情報が表示されます。このDetails Panelで操作できる内容は、Draftsと同じになります。

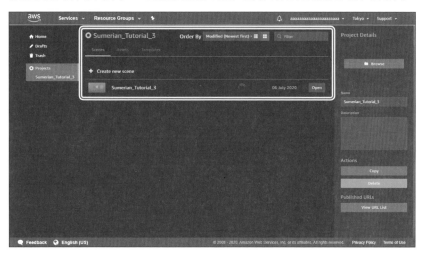

||| Editorの画面構成

Editorは、VR/ARコンテンツを構成するオブジェクトやアニメーション設定が定義された3D空間を指す「シーン」の編集画面です。Editorでは、3Dまたは2Dのオブジェクト、ライト、カメラといったエンティティの配置や、アニメーション・スクリプトの設定、およびシーンの公開ができます。Editorは次の画面部品から構成されており、各部品について以降で解説します。

1 Menu bar

2 Status bar

3 Entities Panel

4 Assets Panel

5 Canvas

6 Canvas Menu

7 Inspector Panel

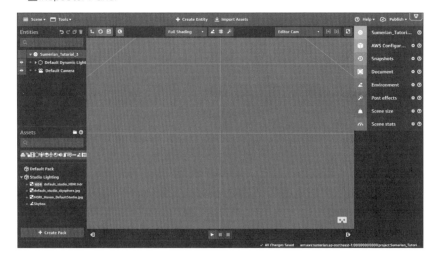

▶Menu bar

Menu barでは、下表のことができます。

表示名	内容
Scene	新規にシーンを作成したり、シーンを保存したりできる
Tools	下記の画面を表示できる ・Text Editor ・State Machine Editor ・Timeline Editor
Create Entity	Amazon Sumerianであらかじめ用意されているエンティティをシーンへ配置できる
Import Assets	Amazon Sumerianであらかじめ用意されているアセットをシーンへインポートできる
Help	下記の項目を表示できる ・Tutorials ・User Guide ・Scripting API ・Shortcut List ・Join us on Slack
Publish	シーンをインターネット上に公開できる

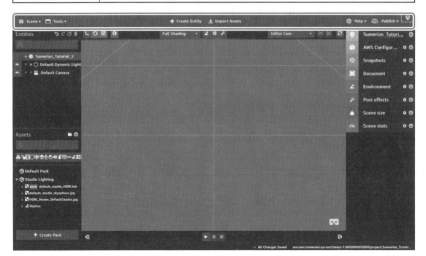

▶Status bar

Status barでは、下表の情報が表示されます。

表示項目	内容
進行状況	シーンの保存状況といった現在のアクティビティに関する進行状況が表示される
Path	「Amazonリソースネーム(ARN)」と呼ばれるリソースを一意に識別するPathが表示される。Pathは、ユーザ名、プロジェクト名、シーン名から構成される

03

Amazon Sumerianの画面構成と基本操作

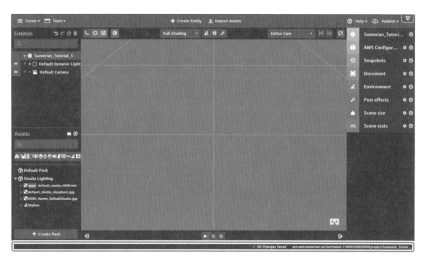

▶ Entities Panel

Entities Panelでは、シーンで使用するエンティティの一覧が表示されます。Entities Panelでは、下表のことができます。

操作概要	内容
シーンの設定表示	Entities Panelで最上位にあるシーンを選ぶと、Inspector Panelにシーンの設定が表示される
コンポーネントの設定表示	エンティティを選ぶと、Inspector Panelにエンティティのコンポーネントに関する設定が表示される
エンティティのOpen/Close	階層構造上、親であるエンティティの横にある「▶」または「▼」を選ぶと、階層構造のOpen、またはCloseができる
エンティティの表示/非表示	エンティティの横にあるeyeアイコンを選ぶと、キャンバス内にあるエンティティの表示/非表示を切り替えられる
エンティティの複製	エンティティを複製できる
エンティティの削除	エンティティを削除できる

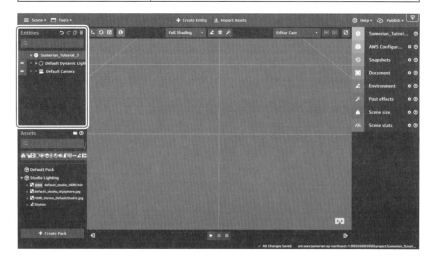

ONEPOINT	エンティティの階層構造の変更について

エンティティの階層構造で、親となるエンティティを変更したい場合は、Entities Panelで親としたいエンティティに対してドラッグ&ドロップしてください。

▶ Assets Panel

Assets Panelでは、シーンで利用できるアセットを管理できます。Menu barの「Import assets」からシーンへインポートしたアセットは、Assets Panelに表示されます。Amazon Sumerianでは、利用者がアセットを組み合わせて新たなアセットパックを作成できます。

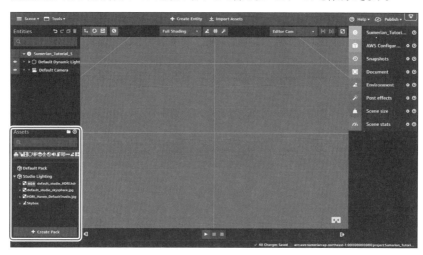

▶ Canvas

Canvasでは、シーンのコンテンツが表示されます。Canvas上では、マウスでカメラ視点の操作ができます。

操作概要	内容
カメラ視点の回転	マウスの右クリックでカメラ視点を回転できる
カメラ視点の平行移動	Shiftボタンを押しながらマウスの右クリックでカメラ視点を平行移動できる
カメラ視点のズームイン/ズームアウト	マウスのスクロールでカメラ視点をズームイン/ズームアウトできる

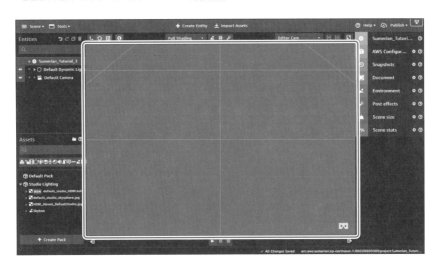

▶ Canvas menu

　Canvas menuでは、カメラの設定を始め、レンダリングのオプション設定やシーンのプレ
ビュー再生ができます。Canvas menuでは下表のことができます。

表示アイコン	操作内容
	下記のサイドパネルの表示/非表示を切り替えられる ・Entities Panel/Assets Panel ・Inspector Panel
	エンティティを選んだときにCanvas上に表示される3軸(変形ハンドル)を「移動モード」に変更できる。「移動モード」の場合、エンティティをマウス操作(左クリック)で移動できる。初期状態では「移動モード」が選択されている
	エンティティを選んだときにCanvas上に表示される3軸(変形ハンドル)を「回転モード」に変更できる。「回転モード」の場合、エンティティをマウス操作(左クリック)で回転できる
	エンティティを選んだときにCanvas上に表示される3軸(変形ハンドル)を「拡大/縮小モード」に変更できる。「拡大/縮小モード」の場合、エンティティをマウス操作(左クリック)で拡大/縮小できる
	「絶対位置」または「相対位置」を切り替える
Full Shading ▼	Canvasのレンダリングモードを変更できる。モードは下記を選択できる ・Full Shading ・Full + Wireframe ・Wireframe ・Normals ・Flat ・Lit ・Texture
	skyboxテクスチャの表示/非表示を切り替える

表示アイコン	操作内容
#	Canvas上のグリッド線の表示/非表示を切り替える
(アイコン)	ポスト効果の表示/非表示を切り替える
Editor Cam ▼	Canvas上で使用するカメラを切り替える
(アイコン)	現在選んでいるエンティティに対し、Canvasの表示領域一杯までカメラ視点をズームインする
(アイコン)	シーンに配置されたすべてのエンティティがCanvasの表示領域に収まるようにカメラ視点をズームアウトする
(アイコン)	Canvasを全画面で表示する
▶ ❚❚ ■	Canvas上でシーンをプレビュー再生する

▶ Inspector Panel

Inspector Panelでは、シーンのプロパティやエンティティのコンポーネントを管理できます。Inspector Panelは、Entities PanelやEditorで選んだ要素(シーンやエンティティ)によって表示項目が変わります。

Entities Panelでシーンを選ぶと、Inspector Panelにはシーン全体に適用される汎用プロパティが表示されます。

表示項目		内容
汎用プロパティ	Thumbnail	シーンのサムネイルを登録できる。任意の画像ファイルをアップロードするか、Canvasのスクリーンショットを登録できる
	Name	シーンの名称を設定できる
	ID	シーンの一意識別子。読み取り専用のため、変更はできない
	Type	要素ごとのタイプ。下記の3種類がある。読み取り専用のため、変更はできない ・Scene ・Entity ・Asset Type
	Description	シーンの説明を設定できる
	Tags	スクリプトで使用するメタデータとなるタグキーをシーンに追加できる。スクリプトでコンテキストオブジェクト(ctx)を使用することで、タグの読み取りまたは検索ができる。タグ名を入力し、「＋アイコン」を選ぶと、複数のタグを設定できる。タグを削除する場合は、Trashアイコンを選択する

47

表示項目		内容
汎用プロパティ	Custom attributes	スクリプトで使用するメタデータとなるキーとバリューをシーンに追加できる。スクリプトでコンテキストオブジェクト(ctx)を使用することで、Custom attributesの読み取りまたは検索ができる。キーとバリューを入力し、「＋アイコン」を選ぶと設定できる。削除する場合は、×アイコンを選択する
	AWS Configuration	Amazon Cognitoで発行する認証情報(Cognito Identity Pool ID)を設定する。この認証情報で、AWS SDK for JavaScriptで他のAWSサービスへアクセスができるようになる(詳細はCHAPTER 06で解説)
	Snapshots	スナップショットとしてシーンのある時点でのコピーを作成する。このコピーは、シーンの復元ポイントとして使用できる
	Document	Canvasのサイズやグリッドの色を設定できる
	Environment	シーンの背景色、照明、Fog(霧)、Skybox、パーティクルを設定できる
	Post Effects	シーンの後処理効果として、アンチエイリアシングやモーションブラーなどを設定できる
	Scene Size	シーンで使用しているデータ量が表示される。表示される数値は、未圧縮のサイズとなる
	Scene Stats	シーンのパフォーマンス情報が表示される

Entities Panelでエンティティを選ぶと、Inspector Panelにはエンティティごとのコンポーネントが表示されます。Amazon Sumerianでは下表のコンポーネントの管理ができます。

表示項目		内容
基本コンポーネント	Transform	エンティティの位置、回転角度、サイズを設定できる
	Geometry	エンティティを作成するとGeometryコンポーネントが設定され、レンダリングが可能なメッシュが含まれる。Materialコンポーネントとの併用でGeometryはCanvasに表示されるが、Materialコンポーネントがない場合、Geometryは表示されない
	Material	エンティティのテクスチャやレンダリングについて設定できる
	Camera	エンティティをカメラとして利用できる
	VR Camera Rig	VRモードで使用するHMDとコントローラーを設定できる
	HMD Camera	VR Camera RigのHMD。HMD Cameraを持つエンティティをVR Camera Rigにアタッチすると、HMDでシーンのVRモードを表示できる
	VR Controller	VR Camera RigのVRコントローラー。コントローラーを持った状態で、シーンのVRモードを表示すると、VRコントローラーによって3D空間内の位置追跡が行われる
	Host	Sumerian Hostの視線の向き、口元の動き、またはジェスチャーに関する設定ができる
	Speech	Amazon Pollyで使用する音声(性別、言語)の他、音量や再生するメッセージを定義したScriptファイルを設定できる。Amazon Pollyを使用するためには、AWS Configuration(AWS認証情報)が必要(Amazon Pollyについては、CHAPTER 06で解説)

表示項目		内容
基本コンポーネント	Dialogue	Amazon Lexで作成したChatbotの名前とエイリアスを設定すると、Chatbotを呼び出すことができる。Amazon Lexを使用するためには、AWS Configuration（AWS認証情報）が必要（Amazon Lexについては、応用編のCHAPTER 01で解説）
コンテンツおよび効果	2D Graphics	2Dの画像、またはビデオの設定ができる
	HTML	2DのHTMLドキュメントをシーンへ追加できる。ドキュメントの内容はText Editorで編集できる。HTMLはカメラに対し、常に同じサイズ、向きが維持される。HTMLはVRモードでは正常に表示されないため、VRモードの利用を考えているときは、「HTML 3D」の利用を推奨
	HTML 3D	3DのHTMLドキュメントをシーンへ追加できる。ドキュメントの内容は、HTML（2D）と同じくText Editorで編集できる。HTML 3Dの背後には何も表示されないため、透明度の設定はしない
	Sound	エンティティへSoundを追加できる。任意のオーディオファイルをドラッグ&ドロップすると、BGMやサウンドエフェクトを設定できる
	Light	エンティティに対して光源を追加できる
キャラクターと物理	Animation	エンティティのアニメーションを設定できる。アニメーションのループ、速さ、他のアニメーションへの切り替えに関する設定ができる
	Collider	エンティティへ衝突判定を設定できる
	Rigid Body	エンティティへ質量や速度などの物理プロパティを設定できる。Rigid Bodyによりエンティティへ重力効果を追加できる
	State Machine	エンティティにState Machineを設定できる。State Machineによってエンティティはアニメーションやフィジックス、スクリプトの実行、音声データを録音し、Amazon Lexへ音声データを送信するといったアクションを実行できる
	Script	Scriptを追加して、入力またはイベントに基づいてシーンを更新できる。スクリプトには7つのfunctionが含まれている。各functionはシーンのライフサイクルイベントによって、下記のタイミングで呼び出される ・setup:シーンが再生されたとき ・fixedUpdate:フィジックスが更新されたとき ・update:フレームがレンダリングされたとき ・lateUpdate:シーンのすべてのupdateが呼ばれたとき ・enter:State MachineのScriptアクション（Execute script）でステートに入ったとき ・exit:State Machineのスクリプトアクション（Execute script）でステートから出たとき ・cleanup:シーンの再生が停止したとき
	Timeline	Timelineを追加し、時間の経過とともにエンティティの位置、回転角度、スケールが変更するアニメーションを設定できる。キーフレームの追加で、アニメーションの速度や方向を制御できる

03

Amazon Sumerianの画面構成と基本操作

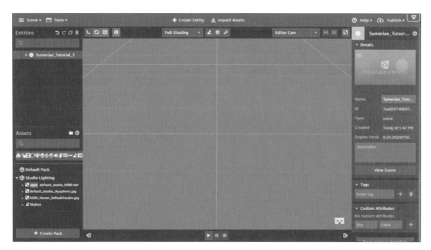

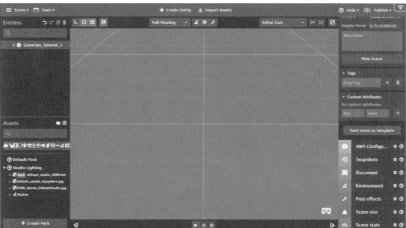

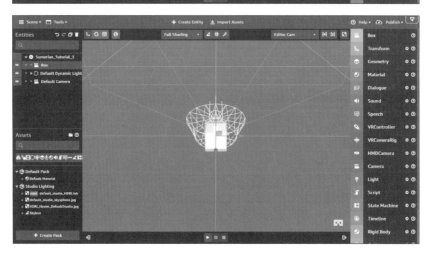

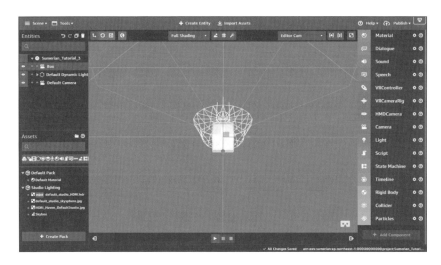

⦀ Text Editorの画面構成

Text Editorは、スクリプトを始め、JSON、音声ファイル、HTMLなど、シーンで使用するすべてのテキストアセットの編集画面です。Text Editorは次の画面部品から構成されており、各部品について以降で解説します。

1 Documents Panel

2 External Resources Panel

▶ Documents Panel

Documents Panelは、シーンに存在するテキストアセットのリストを表示します。リスト内のテキストアセットを1つ選ぶと、Script Editorでテキストファイルが開かれます。ただし、シーンに存在するいずれのエンティティにも関連付いていない場合は、テキストファイルを開くことはできないので注意してください。テキストアセットの名称はDocuments Panel上で変更できます。

▶ External Resources Panel

External Resources Panelでは、スクリプト内で使用するインターネット上の外部ライブラリを宣言できます。外部ライブラリのURLを入力し、リストに追加しておくと、スクリプトによる外部ライブラリのロードが自動で始まります。

||| State Machine Editorの画面構成

State Machine Editorでは、State Machineコンポーネントのビヘイビアに対して、ステートの生成、アクションの追加、そしてアクションから他のステートへの遷移を視覚的に編集できます。

State Machine Editorは、エンティティにState Machineコンポーネントを追加し、「State Machine」内の「+」アイコン（Add a new behavior to the component）をクリックすることで、表示されます。すでにビヘイビアを作成済みの場合、Menu barの「Tools」から「State Machine Editor」を選択する、あるいはAssets Panelの中から、編集したいビヘイビアをクリックしてもState Machine Editorを表示できます。

State Machine Editorは次の画面部品により構成されており、各部品について以降で解説します。

1 State Machine Panel
2 State Machineコンポーネント
3 ビヘイビア
4 Action Library

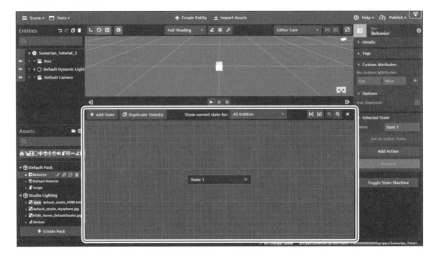

▶ State Machine Panel

State Machine Panelでは、下表のことができます。

表示項目	内容
Add State	ステートを追加する
Duplicate State(s)	選択したステートと同じステートをコピー（複製）する
Show current state for:	再生モード時にステートの状態を確認したいエンティティを選択する。エンティティが選択されている場合、再生モード時に、そのエンティティの現在のステートが緑色の枠で囲われて表示される。選択されていない場合、ビヘイビアに紐付けられているすべてのエンティティの現在のステートが緑色の枠で囲われて表示される
Center the selected states in the view.	選択したステートがビューの中心に来るように調整する
Center the state graph in the editor view.	ステートのグラフがビューの中心に来るように調整する
Zoom the graph in. Alternatively, you can use the mouse wheel.	ステートのグラフをズームインする。マウスのスクロールでもズームインできる
Zoom the graph out. Alternatively, you can use the mouse wheel.	ステートのグラフをズームアウトする。マウスのスクロールでもズームアウトできる
Close the State Graph	State Machine Editorを閉じる

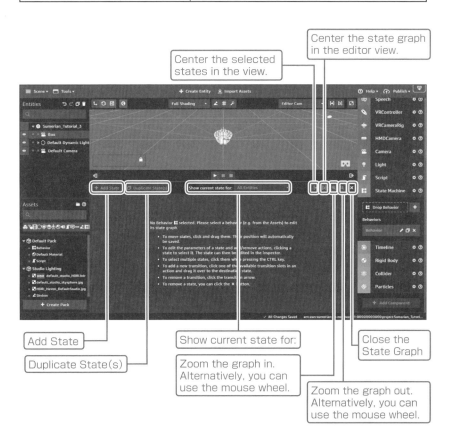

State Machine Panelでは、下表の操作ができます。

操作概要	内容
ステートの移動	ビュー上でステートを選択し、マウスでドラッグすることで、ステートの位置を移動できる
ステートの遷移設定	ステートに定義されたアクションのイベントを選択し、そのイベントが完了した後に遷移先となるステートまでドラッグするとステート間が線で繋がれる。これにより、ステートの遷移を定義できる
ステートの削除	ステートの「×アイコン(Remove State)」を選ぶと、ステートを削除できる

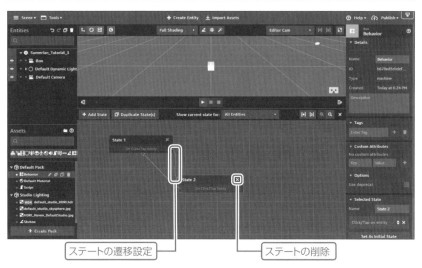

ステートの遷移設定　　　　　　　　　　　ステートの削除

▶ State Machineコンポーネント

エンティティにState Machineコンポーネントを追加すると、ビヘイビアをエンティティに設定できるようになります。

表示項目	内容
Behaviors	エンティティに追加するビヘイビアを設定できる。1つのState Machineコンポーネントに対し、複数のビヘイビアを設定できる

▶ビヘイビア

ビヘイビアは、State Machineコンポーネントに追加できるアクションのコレクションを指します。ビヘイビアでは、下表の設定ができます。

表示項目		内容
Details	Name	ビヘイビアの名称を設定できる
	ID	ビヘイビアの一意識別子。読み取り専用のため、変更はできない
	Type	要素のタイプ。読み取り専用のため、変更はできない・machine
	Created	ビヘイビアを作成した日付が表示される
	Description	ビヘイビアの説明を設定できる
Tags		ビヘイビアにタグを設定できる
Custom attributes		ビヘイビアにアトリビュートを設定できる
Options	Use deprecated transitions	古い非同期のステート間遷移の方法を有効にしたい場合に用いるオプション。ただし、有効化は非推奨となっている
Selected State	Name	ステートの名前を設定できる
	Set As Initial State	ビヘイビアの初期状態として設定できる
	Add Action	Action Libraryを開き、ステートに追加したいアクションを選択し、追加ができる
	Remove	ステートを削除する。初期状態に設定されている場合は選択できない
Toggle State Machine		State Machine Editorの表示を切り替える

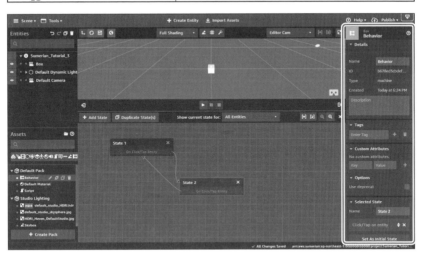

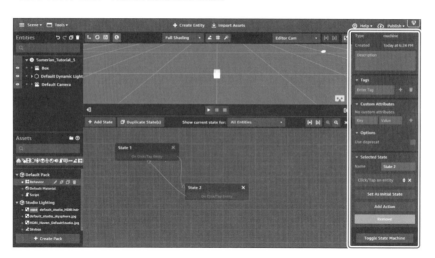

▶ Action Library

Action Libraryでは、ステートに追加したいアクションを検索し、ステートへ選択したアクションを追加できます。

本書では、他のAWSと連携に関わるアクションについて説明します。

アクション	内容
AWS SDK ready	AWSサービスを呼び出す機能を使用する前に、AWS SDK for JavaScriptが認証情報を取得するのを待つ
Change speech component voice	エンティティに付与されているSpeechコンポーネントで、使用するAmazon Pollyの音声の種類を変更する
Change speech component volume	エンティティに付与されているSpeechコンポーネントで、使用するAmazon Pollyの音声のボリュームを変更する

アクション	内容
Send Audio Input to Dialogue Bot	エンティティに付与されているDialogueコンポーネントで指定しているAmazon LexのChatbotに対して、音声データを送信する
Send Text Input to Dialogue Bot	エンティティに付与されているDialogueコンポーネントで指定しているAmazon LexのChatbotに対して、テキストデータを送信する
Start Speech	Amazon Pollyを使用して、エンティティに付与されているSpeechコンポーネントに付与したSpeechファイルのテキストデータを発話する。また、本アクションのプロパティ「Use Amazon Lex Response」をONにすることで、直前のステートのアクション「Send audio/text input to dialogue bot」に対するAmazon Lexからの応答を再生する
Stop speech	Amazon Polly使用した発話を停止する

||| Timeline Editorの画面構成

Timeline Editorは、エンティティの移動、回転、そしてスケールの変化を、時間経過に合わせて編集する画面です。Timeline Editorでは、Translation、Rotation、Scaleの開始値と終了値を定義し、また、エンティティのTransformを調整するためのキーフレームを追加できます。また、State Machineやスクリプトへの連携に使用する、カスタムイベントを出力できます。

Timeline Editorは、Timelineエンティティを生成するか、Timelineコンポーネントを追加することで、表示されます。

すでにタイムラインを作成済みの場合、Menu barの「Tools」から「Timeline Editor」を選んでもTimeline Editorを表示できます。

Timeline Editorの各部品について以降で解説します。

1 Timeline

2 Playhead

3 Keyframes

4 Timelineコンポーネント

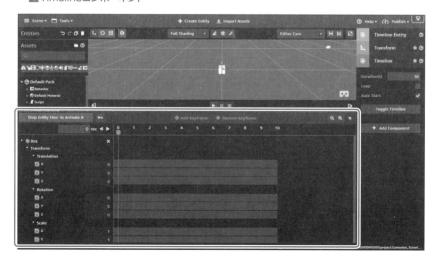

▶ Timeline

TimelineはCanvasの下に表示され、タイムラインの長さを示しています。Timelineの上部には秒数が表示されています。Timeline上にはキーフレームがマークされます。

▶ Playhead

Playheadはタイムライン上の位置を表しています。Playheadをタイムライン上の前後にドラッグし、キーフレームを通過すると、エンティティの変化を確認できます。タイムボックスに経過時間を入力してもPlayheadを移動できます。

▶ Keyframe

Keyframeは、Transformの値が結びついたタイムスタンプです。タイムラインには少なくとも2つのKeyframeが必要になります。Keyframeを追加するには、「Add Keyframe」を選択する、タイムライン上でダブルクリックする、あるいはTransformのプロパティを変更する方法があります。

▶ Timelineコンポーネント

エンティティにTimelineコンポーネントを追加すると、タイムラインをエンティティへ付与できるようになります。

表示項目	内容
Duration(s)	タイムラインの所要時間(秒)を設定できる。デフォルトは10秒
Loop	タイムラインで設定したアニメーションを繰り返すように設定できる
Auto Start	シーン再生時に、自動でタイムラインを起動するかを設定できる。デフォルトは有効だが、State MachineやScriptをトリガーにしたい場合は、無効に設定する
Toggle Start	Timeline Editorの表示を切り替える

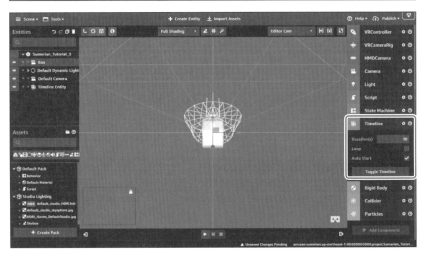

▶ Timeline Editor

Timeline Editorでは、下表のことができます。

表示項目	内容
Drop Entity Here To Animate it	Entities Panelからエンティティをドラッグ&ドロップすることで、Timelineに該当のエンティティを追加する
Automatically add keyframes when the channel values are changed	チャンネルの値が変更されたときに、自動的にKeyframeを追加する
Add Keyframe	Keyframeを追加する
Remove Keyframe	Keyframeを削除する
拡大マーク	タイムラインのビューをズームインする
縮小マーク	タイムラインのビューをズームアウトする
Close the Timeline	Timeline Editorを閉じる
Sec	経過時間(単位は秒)を指定する。経過時間を指定すると、タイムライン上のプレイヘッドが移動する
Move to the previous keyframe	1つ前のKeyframeに移動する
Move to the next keyframe	1つ先のKeyframeに移動する
Entity icon	タイムラインに適用されたエンティティを示す(下図はBoxエンティティを適用した場合)
Timer icon(Transform)	タイムラインに適用されたエンティティのTranslation、Rotation、ScaleのX軸、Y軸、Z軸のプロパティをそれぞれ設定できる。押下することで、有効/無効を切り替えることができる
Timer icon(イベントチャンネル)	イベントチャンネルを示す。押下することで、有効/無効を切り替えることができる(「New Event」はイベントチャンネル名で変更可能)

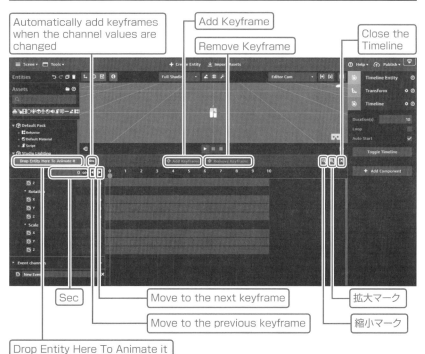

03 | Amazon Sumerianの画面構成と基本操作

Entity icon

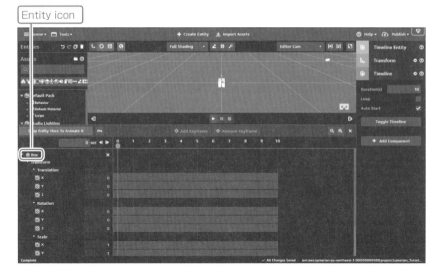

Timer icon（Transform）

Timer icon（イベントチャンネル）

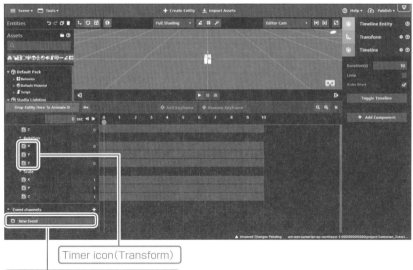

ONEPOINT	タイムラインの追加方法

　タイムラインを使用するには、エンティティにTimelineコンポーネント付与する方法と、Timelineエンティティを生成する方法の2つがあります。エンティティにTimelineコンポーネントを付与した場合は、Timelineコンポーネントを付与させているエンティティ自身をタイムラインの制御の対象にできません。作成したすべてのエンティティをタイムラインで制御したい場合は、Timelineエンティティを生成する方法をとる必要があります。

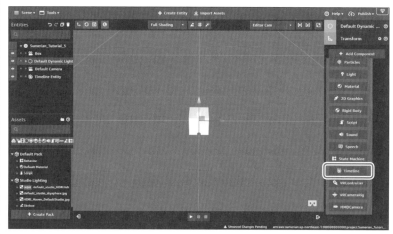

03 Amazon Sumerianの画面構成と基本操作

Amazon Sumerianの基本操作について

本節では、Amazon Sumerianの基本操作について説明します。基本操作の解説にあたり、手順の初期状態はAmazon SumerianのDashboardが表示されていることとしています。

本節で解説する基本操作は次の通りです。各操作の詳細な手順を、以降で説明します。

- Dashboardの表示
- リージョンの選択
- プロジェクトの作成
- シーンの作成
- アセットのインポート
- エンティティの配置
- エンティティの操作
- シーンの保存
- シーンの公開
- シーンのテンプレート化
- シーンの削除
- コンポーネントの設定(Timeline)
- コンポーネントの設定(Script)
- コンポーネントの設定(State Machine)

ONEPOINT AWSマネジメントコンソールについて

Amazon SumerianのDashboardは、AWSマネジメントコンソールを経由して表示します。AWSマネジメントコンソールは、AWSが提供する、AWSのサービスを管理するWebインタフェースです。

通常、Amazon SumerianのDashboardを表示するためには、AWSマネジメントコンソールへサインインする必要があります。本書で解説するのはAWSマネジメントコンソールでAmazon SumerianのDashboardを表示する操作までとなります。AWSマネジメントコンソールへのサインインについては、AWSの公式手順をご確認ください。

AWSマネジメントコンソールの操作手順については、下記の公式手順を確認してください。

URL https://docs.aws.amazon.com/ja_jp/IAM/latest/
UserGuide/console.html

ⅠⅠⅠ Dashboardの表示

　本項では、AWSマネジメントコンソールからAmazon SumerianのDashboardを表示する操作について説明します。

❶ Dashboardを表示します。画面左上のAWSのアイコンをクリックし、AWSマネジメントコンソールのTOP画面を表示します。

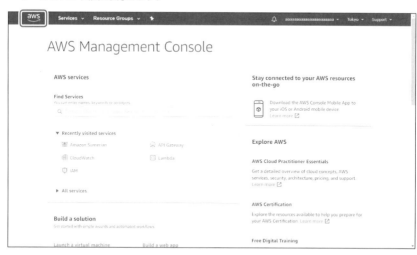

❷ AWSマネジメントコンソールの「Find Services」で「Sumerian」と入力して、検索結果から「Amazon Sumerian」を選択します。

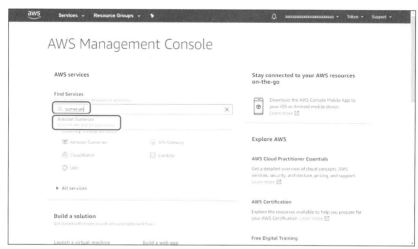

❸ Dashboardが表示されることを確認します。

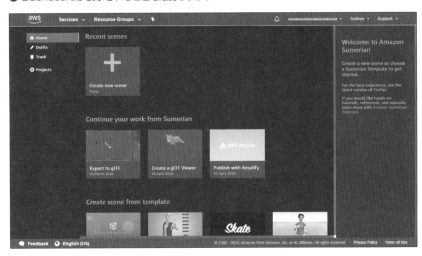

⫼ リージョンの選択

本項では、リージョンの選択手順について、説明します。Amazon Sumerianでコンテンツを作成するためには、リージョンの選択が必要です。ここでは東京リージョンの選択を例にして操作手順を説明します。

❶ Dashboardの「Navigation Bar」から「Asia Pacific(Tokyo) ap-northeast-1」を選択します。

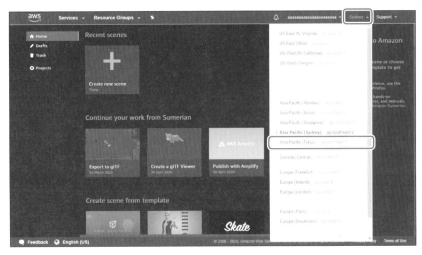

❷ 「Tokyo」が表示されていることを確認します。

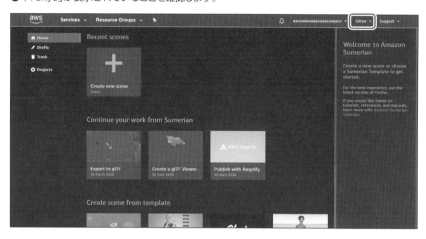

ONEPOINT | リージョンの選択について

　コンテンツの編集はWebブラウザ上で行うため、海外のリージョンを選択すると画面表示が遅くなるなど、作業への影響が出てくる可能性があります。そのため、開発者の地域に最も近いリージョンを選ぶことが望ましいです。

▓ プロジェクトの作成

　本項では、プロジェクトの作成手順について説明します。プロジェクトは利用者が作成したシーンを始め、シーンで利用するアセットやテンプレートを管理できるフォルダのような概念です。Amazon Sumerianでコンテンツを作成するためには、プロジェクトを作ることから始めます。
❶ Dashboardの「Projects」をクリックします。

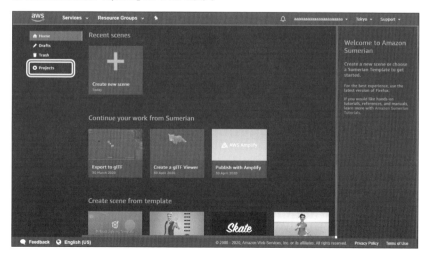

❷ 「New Project」をクリックします。

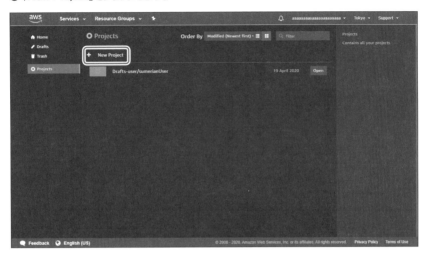

❸ プロジェクトの作成画面が表示されるので、プロジェクト名を入力し、プロジェクトを作成します。今回はプロジェクト名に「Sumerian_Tutorial_3」と入力し、「Create」ボタンをクリックします。

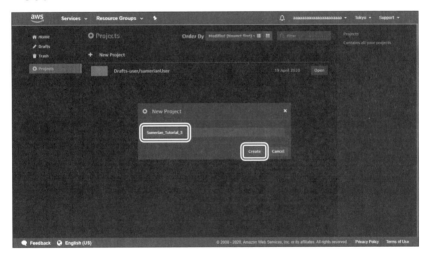

❹ プロジェクトの作成が成功すると「Projects Successfully saved」が表示され、「Projects」配下に「Sumerian_Tutorial_3」が作成されます。

ONEPOINT 複数の開発者とのリソースの共有について

コンテンツを作成するにあたり、前節で紹介したDrafts(下書き)上のリソース(シーン、アセット、テンプレート)は複数の開発者での共有ができません。そのため、他の開発者とリソースを共有したい場合は、プロジェクトを作成する必要があります。

ONEPOINT 同一名称のプロジェクトが存在した場合について

プロジェクトを作成するとき、すでにプロジェクトが存在していることを表すエラーメッセージ(「The project Sumerian_Tutorial_3 already exists in your AWS account. Please try a new name.」など)が表示された場合は、Trashの中を確認してください。手動で削除しない限り、Trashには永続的にデータが残るため、同一名称のプロジェクトがTrashにあるとエラーが表示されます。

▐▐▐ シーンの作成

本項では、シーンの作成手順について説明します。前項で作成したプロジェクト配下にシーンを作成します。シーンはオブジェクトやカメラ、ライトなどを配置していく3D空間です。シーンはプロジェクト配下に作成することで、他の開発者との共有ができるようになります。本書ではプロジェクト配下にシーンを作成する手順で解説するため、プロジェクトをまだ作成していない場合は、「プロジェクトの作成」を実施してください。

❶ Dashboardの「Projects」から「Sumerian_Tutorial_3」をクリックします。

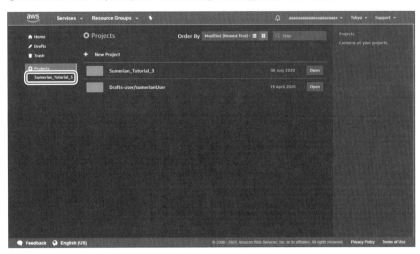

❷ 「Create new scene」をクリックします。

❸ シーンの作成画面が表示されるので、シーン名を入力し、シーンを作成します。今回はシーン名
に「Sumerian_Tutorial_3_BasicOperation」と入力し、「Create」ボタンをクリックします。

❹ シーンが作成され、Editorが表示されます。

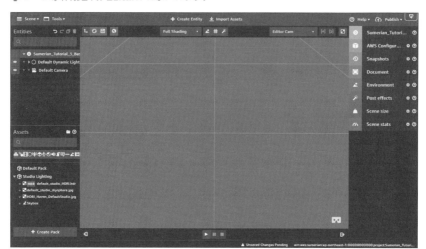

||| エンティティの配置

　本項では、エンティティの配置手順について説明します。Amazon Sumerianがあらかじ
め用意している3Dオブジェクトや2Dオブジェクト、ライト、またはカメラなどを、エンティティとして
シーンへ配置できます。以降から前項で作成したプロジェクトとシーンを使用し、操作手順を
説明します。

❶ Dashboardの「Projects」から「Sumerian_Tutorial_3」をクリックします。

❷ シーンの一覧から「Sumerian_Tutorial_3_BasicOperation」の「Open」ボタンをクリックし
ます。

❸ EditorのMenu barから「Create Entity」をクリックします。

❹ 「Create Entity menu」から「3D Primitives」の「Box」をクリックします。

❺ EditorのCanvasに「Box」が表示されます。Entities Panelに「Box」が追加されていること
を確認します。

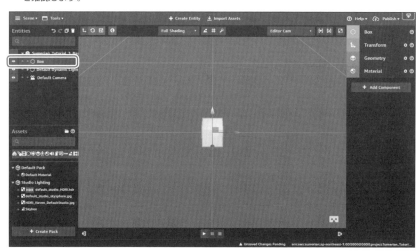

ONEPOINT	エンティティの種類について

Amazon Sumerianであらかじめ用意されているエンティティは次の5種類です。

種類	エンティティ名
3D Primitives	Box
	Cone
	Cylinder
	Disk
	Quad
	Sphere
	Torus
2D Shapes	Circle
	Rectangle
	Rounded-rect
	Triangle
	HTML entity
Others	Entity
	HTML 3D
	Particles
	Timeline
Lights	Point
	Directional
	Sspot
Cameras	Orbit
	Fly
	Fixed
	2D

||| エンティティの操作

　本項では、配置したエンティティの操作手順について説明します。前項でシーンへ配置したエンティティを使用し、エンティティの操作手順を説明します。シーン内のエンティティは、マウスで位置や角度、または大きさを自由に変更できます。また、シーンに用意されているカメラもマウスで操作できます。以降で、次の操作手順について説明します。

- カメラ視点の移動
- カメラ視点の回転
- エンティティの移動
- エンティティの回転
- エンティティの拡大・縮小

▶カメラ視点の移動

　Canvasのカメラ視点は、マウスホイールのスクロールでズームインやズームアウトができます。また、Shiftキー+マウスの右ボタンでドラッグすると、カメラの視点を平行移動（上下・横移動）させることができます。

❶ Dashboardの「Projects」から「Sumerian_Tutorial_3」をクリックします。

❷ シーンの一覧から「Sumerian_Tutorial_3_BasicOperation」の「Open」ボタンをクリックします。

❸ Canvasでマウスホイールを上方向へスクロールします。上方向へスクロールするとカメラ視点はズームインされます。

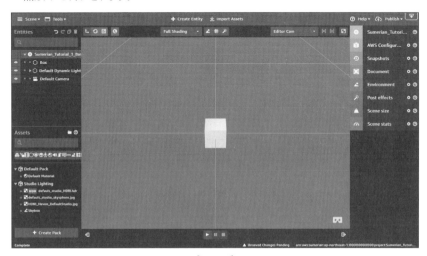

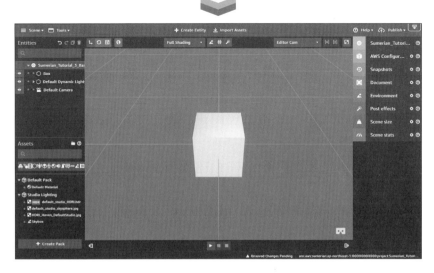

❹ Canvasでマウスホイールを下方向へスクロールします。下方向へスクロールするとカメラ視
点はズームアウトされます。

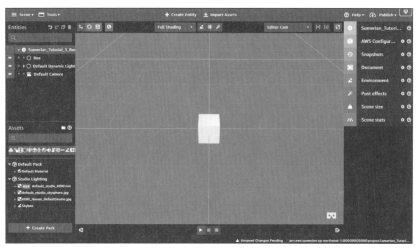

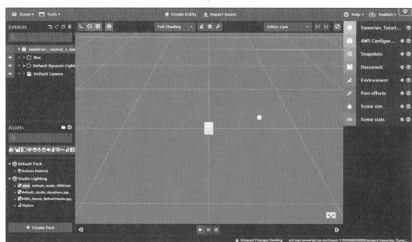

❺ CanvasでShiftキー＋マウスの右ボタンでドラッグすることで、カメラ視点を平行移動（上下移動、横移動）できます。

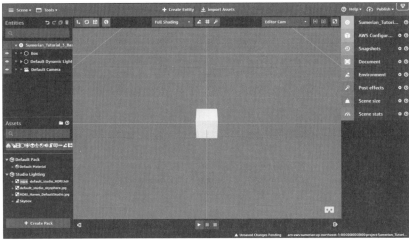

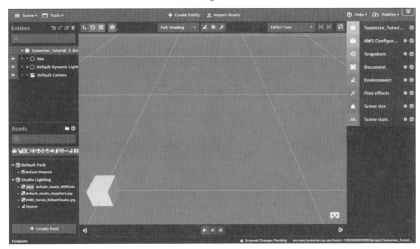

▶ カメラ視点の回転

Canvasのカメラの視点は、マウスの右ボタンを押しながらドラッグすることで回転できます。

❶ Canvasでマウスの右ボタンを左方向へドラッグすると、左方向に回転します。

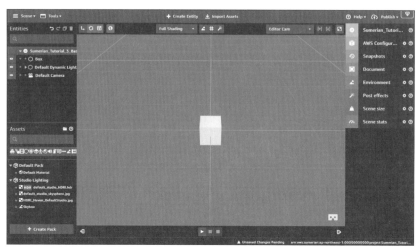

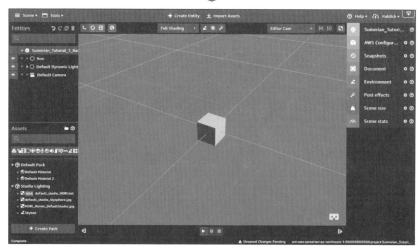

▶ エンティティの移動

エンティティを選択すると、エンティティを移動させるための3軸（変形ハンドル）が表示されます。この3軸（変形ハンドル）をマウスの左ボタンでドラッグすることで、その方向へエンティティを移動できます。3軸（変形ハンドル）は、赤色がX軸、緑色がY軸、青色がZ軸を表しています。

❶ Canvasでエンティティを選択すると、3軸（変形ハンドル）が表示されます。

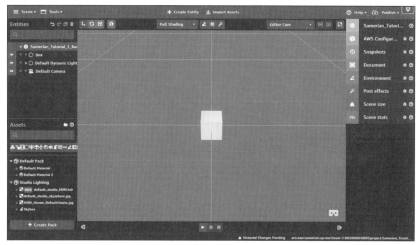

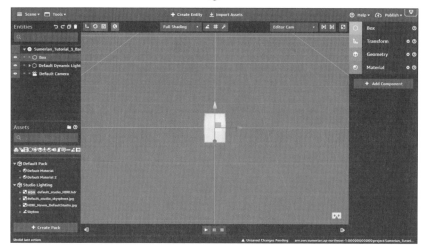

❷ 軸の矢印部分をマウスの左ボタンでドラッグすると、その軸方向へ移動できます。今回は青色のZ軸方向へ移動します。

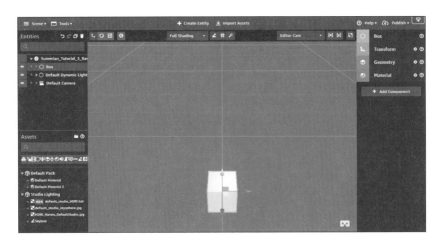

ONEPOINT エンティティの位置変更について

エンティティの位置はマウスで操作するほか、Inspector PanelのTransformコンポーネントでも移動できます。

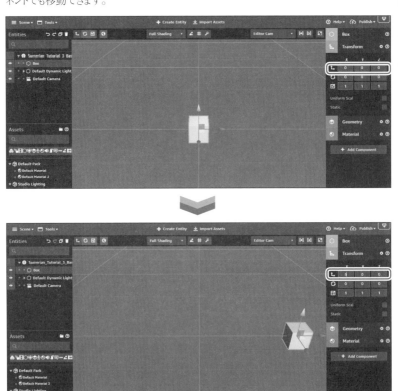

▶ エンティティの回転

Canvasでエンティティを選択した後、キーボードのEキーを押すと、エンティティを回転させるための3軸（変形ハンドル）が表示されます。この3軸（変形ハンドル）をマウスの左ボタンでドラッグすることで、その方向へエンティティを回転できます。3軸（変形ハンドル）は、赤色がX軸、緑色がY軸、青色がZ軸を表しています。

❶ Canvasでエンティティを選択した後、キーボードのEキーを押すと、エンティティの3軸（変形ハンドル）が「回転モード」に変更されます。

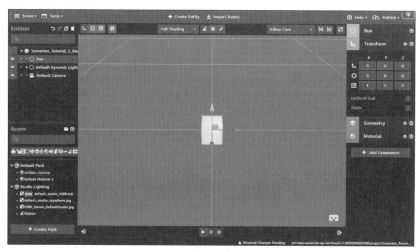

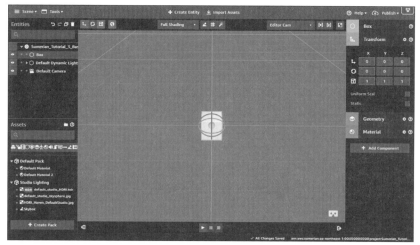

❷ 軸の部分をマウスの左ボタンでドラッグすると、その軸方向へ回転します。今回は青色のZ軸方向に回転します。

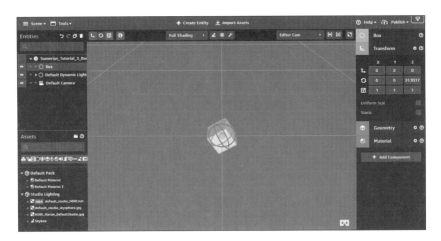

ONEPOINT エンティティの回転について

エンティティの回転はマウスで操作するほか、Inspector PanelのTransformコンポーネントでも回転できます。

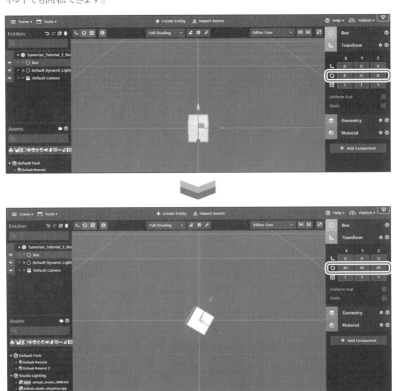

ONEPOINT | Shortcut Listについて

Amazon Sumerianでは多くのショートカットのコマンドが用意されています。ショートカットのコマンドは公式サイトで参照するほか、EditorのMenu barの「Shortcut List」で参照できます。

● 公式サイトURL

URL https://docs.aws.amazon.com/sumerian/latest/
userguide/editor-shortcuts.html

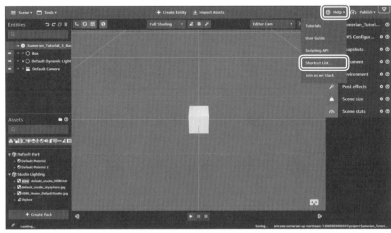

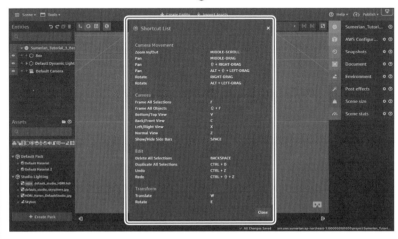

▶ エンティティの拡大・縮小

　Canvasでエンティティを選択した後、キーボードのRキーを押すと、エンティティの大きさを変更させるための3軸（変形ハンドル）が表示されます。この3軸（変形ハンドル）をマウスの左ボタンでドラッグすることで、その方向へエンティティが拡大、縮小します。

軸は、赤色がX軸、緑色がY軸、青色がZ軸を表しています。

❶ Canvasでエンティティを選択した後、キーボードのRキーを押すと、エンティティの3軸（変形ハンドル）が「拡大/縮小モード」に変更されます。

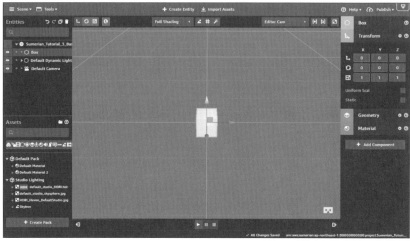

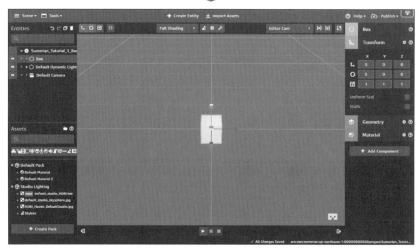

❷ 軸の部分をマウスの左ボタンでドラッグすると、その軸方向へ拡大または縮小します。今回は赤色のX軸方向に拡大します。

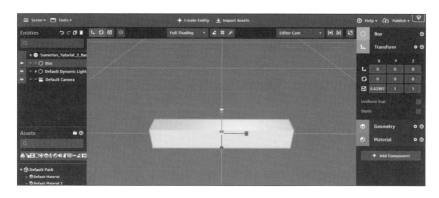

ONEPOINT エンティティの拡大・縮小について

エンティティの拡大・縮小はマウスで操作するほか、Inspector PanelのTransform
コンポーネントで拡大・縮小できます。

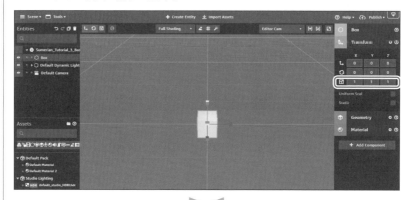

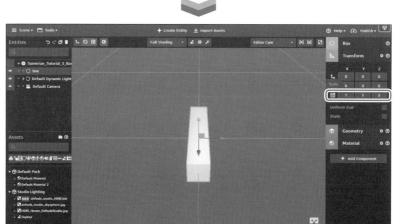

■ アセットのインポート

本項では、アセットのインポート手順について説明します。

Amazon Sumerianがあらかじめ用意している3Dアセットをシーンへ配置できます。以降から前項で作成したプロジェクトとシーンを使用し、操作手順を説明します。

❶ プロジェクト配下の「Sumerian_Tutorial_3」をクリックします。

❷ シーンの一覧から「Sumerian_Tutorial_3_BasicOperation」の「Open」ボタンをクリックします。

❸ EditorのMenu barにある「Import Assets」をクリックします。

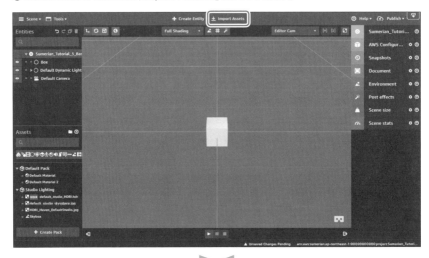

❹ 「Asset Library」から「View Room」を選択し、「Add」ボタンをクリックします。

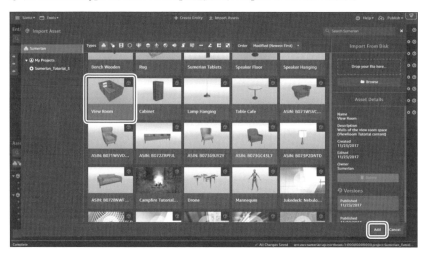

❺ Assets Panelの「View Room」配下にある「room_ViewRoom.fbx」をCanvasにドラッグ＆ドロップします。

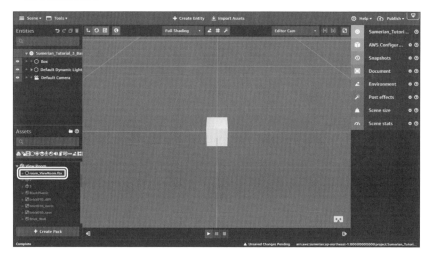

❻ Entities Panelに「View Room」エンティティが追加され、Canvas上に「View Room」エンティティが表示されます。

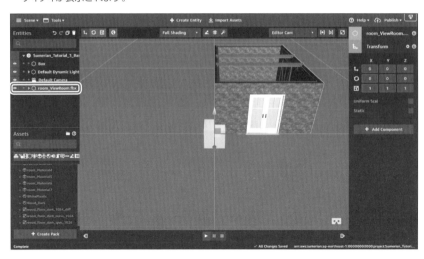

⫼ シーンの保存について

本項では、シーンの保存手順について説明します。

Amazon Sumerianはシーンを変更した際に自動でシーンの保存が行われますが、手動による保存も可能です。

❶ 手動による保存は、Menu barの「Scene」をクリックし、表示されるメニューから「Save」を選択します。

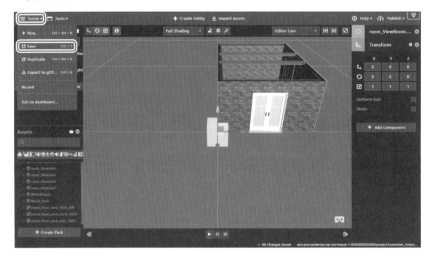

ONEPOINT	シーンの自動保存について

自動保存が完了すると、Status barに「All Changes Saved」が表示されます。

||| シーンの公開

本項では、作成したシーンを公開する手順について説明します。

Amazon Sumerianで作成したシーンを公開すると、コンテンツへアクセスするためのURLが発行されます。発行されたURLとWebブラウザがあれば、いつでも、どこでも、誰でも、作成したコンテンツを体験できます。

❶ Menu barにある「Publish」をクリックし、表示されるメニューから「Create public link」を選択します。

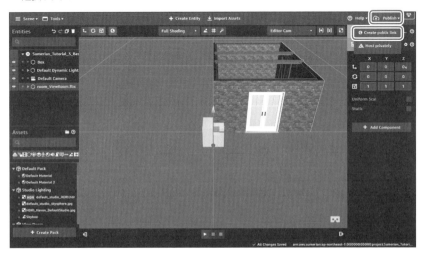

❷ 「Publish」ボタンをクリックします。

❸ Publishが完了すると、シーンがインターネット上へ公開され、アクセスするためのURLが表示されます。

❹ Webブラウザ(Google ChromeやFirefox)でURLへアクセスすると、作成したコンテンツが表示されます。

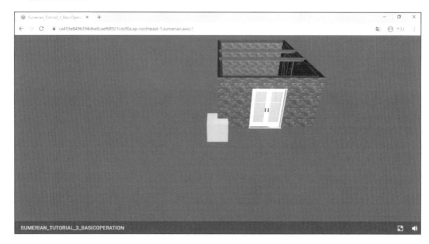

ONEPOINT	シーンの再公開について

　公開したシーンをアップデートした場合、Republish（再公開）が必要です。Menu barの「Publish」をクリックし、表示されるメニューから「Republish」を選択すると、再公開できます。再公開してもURLは変わらないため、ユーザへURLを再配布する必要はありません。

ONEPOINT	シーンの公開停止について

　公開したシーンを停止する場合、Unpublish（公開停止）が必要です。Menu barの「Publish」をクリックし、表示されるメニューから「Unpublish」を選択し、「Unpublish」ボタンをクリックすると、公開停止ができます。

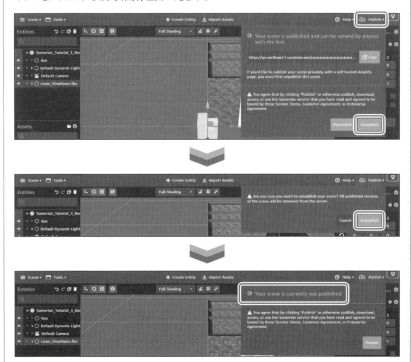

シーンのテンプレート化

本項では、作成したシーンをテンプレート化する手順について説明します。

Amazon Sumerianがあらかじめ用意しているテンプレートのほかに、開発者が作成したシーンをテンプレートとして利用できます。複数のシーンに共通して利用するオブジェクトやコンポーネント設定、アセットなどをテンプレート化することで、コンテンツの作成を効率的に行えます。

❶ Entities Panelの「Sumerian_Tutorial_3_BasicOperation」をクリックし、Inspector Panelの「Sumerian_Tutorial_3_BasicOperation」コンポーネントをクリックします。

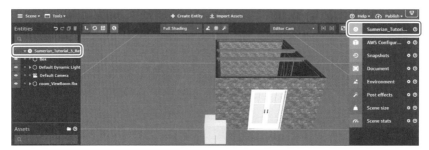

❷「Sumerian_Tutorial_3_BasicOperation」コンポーネント配下の「Save scene as template」から、シーンをテンプレートとして保存できます。

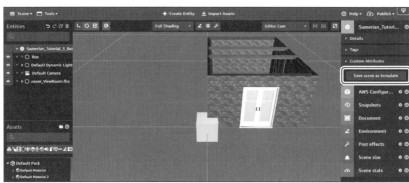

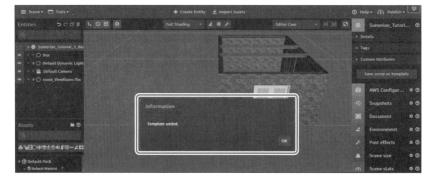

| ONEPOINT | テンプレートの使用について |

　シーンをテンプレート化すると、そのシーンが存在するプロジェクトの「Templates」タブにテンプレートが保存され、「Use」ボタンをクリックすることでシーンを作成できます。シーン作成時に作成先のプロジェクトを指定できるため、別のプロジェクトにシーンを作成することも可能です。

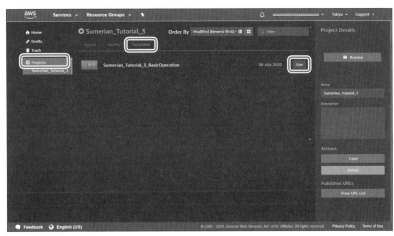

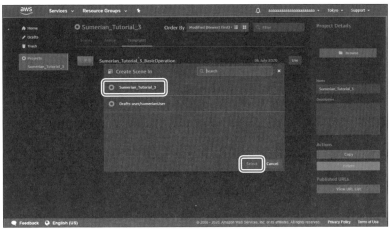

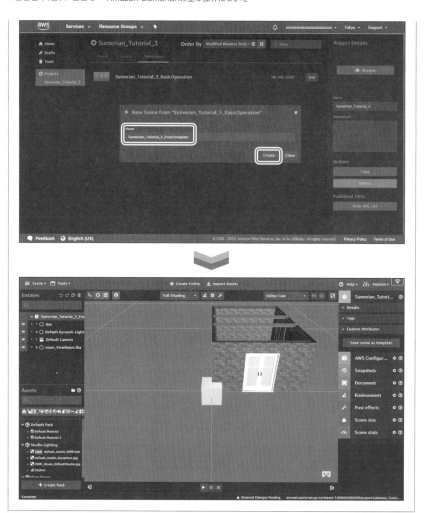

▌シーンの共有

本項では、シーンの共有手順について説明します。

プロジェクト配下のシーンは、同じAWSアカウントに紐付くユーザ間で共有されます。プロジェクトを作成すると、作成者以外のユーザにはDashboard上に「Shared Projects」として共有したプロジェクトが表示され、シーン、アセット、テンプレートの利用ができます。

ただ、共有されたシーンであっても、複数のユーザで同時に編集することはできません。他のユーザが編集しているシーンは、Dashboard上では編集中(ロック)のアイコンが表示され、アクセスしてもシーンの編集はできません。

03

Amazon Sumerianの画面構成と基本操作

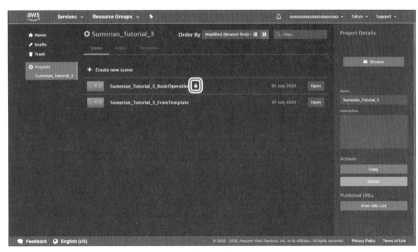

▌▌シーンの削除

本項では、シーンの削除手順について説明します。Dashboardの「Project Details」から
シーンを削除できます。

❶ Dashboardの「Projects」から「Sumerian_Tutorial_3」をクリックします。

❷ シーンの一覧から「Sumerian_Tutorial_3_BasicOperation」を選択し、「Delete」ボタンを
クリックします。

❸ 「Scene successfully moved to the trash.」と表示され、シーンはTrashへ移動します。シーンを完全に削除するためには、Trashで削除操作を行う必要があります。

❹ 「Trash」をクリックします。「Sumerian_Tutorial_3_BasicOperation」の「Actions」をクリックし、Actionの一覧から「Permanently Delete」を選択します。

❺「Permanently Delete」ボタンをクリックすると、「Sumerian_Tutorial_3_BasicOpera
tion has been permanently deleted.」と表示され、シーンが完全に削除されます。

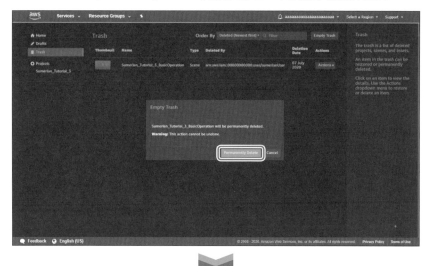

ONEPOINT プロジェクトの削除について

シーンの削除とは別に、Dashboardからプロジェクトを削除することも可能です。プロジェクトを削除することで、プロジェクト内の複数のシーンを一括で削除できます。

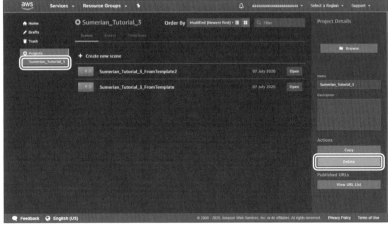

ⅢⅢ コンポーネントの設定（Timeline）

本項では、Timelineの使用方法として、シーンの再生時間に応じてエンティティを回転させる操作について説明します。

Timelineでは、エンティティの「Translation」「Rotation」「Scale」を操作できるため、回転の他にもエンティティの移動や拡大・縮小もできます。

▶ シーンの作成

最初にTimeline用のシーンを作成します。

❶ Dashboardの「Projects」から「Sumerian_Tutorial_3」をクリックし、「Create new Scene」をクリックします。

❷ シーンの作成画面が表示されるので、シーン名を入力し、シーンを作成します。今回はシーン名に「Sumerian_Tutorial_3_Timeline」と入力し、「Create」ボタンをクリックします。

▶ エンティティの配置

Timelineを使用したシーンを作り込みます。

❶ 「Box」エンティティをシーンへ追加します。Menu Barの「Create Entity」をクリックします。

❷ エンティティの一覧が表示されるので、「3D Primitives」から「Box」をクリックします。

❸ Entities Panelに「Box」エンティティが追加され、Canvasに「Box」エンティティが表示されます。

❹ Timelineエンティティをシーンへ追加します。Menu Barの「Create Entity」をクリックします。

❺ エンティティの一覧が表示されるので、「Others」から「Timeline」をクリックします。

❻ Entities Panelに「Timeline」エンティティが追加されます。

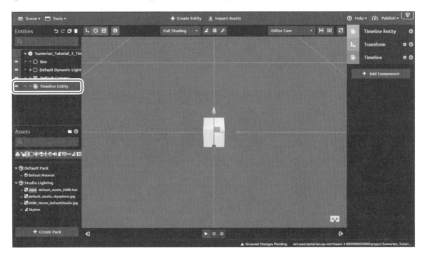

▶ Timelineの設定

Timelineの動作を設定します。

❶ Entities Panelの「Timeline Entity」をクリックし、Inspector Panelの「Timeline」コンポーネントから「Toggle Timeline」をクリックします。

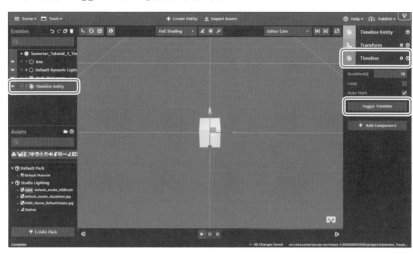

❷ Entities Panelの「Box」をTimelineの「Drop Entity Here To Animate It」にドラッグ&ドロップします。

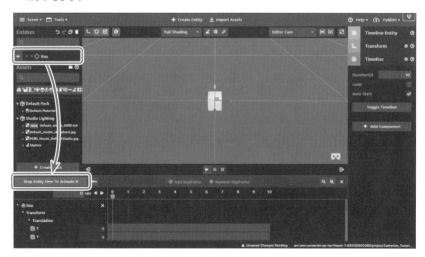

❸ 「Rotation」の配下にある「x」の0秒の位置をクリックします。

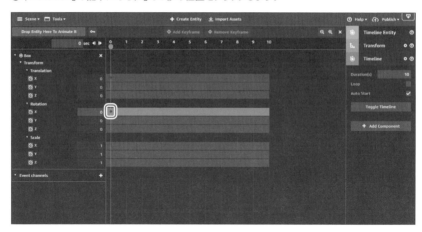

❹ 「◆」のマークが作成されるので、「◆」をクリックし、「Time」に「0」、「Value」に「0」を設定します。

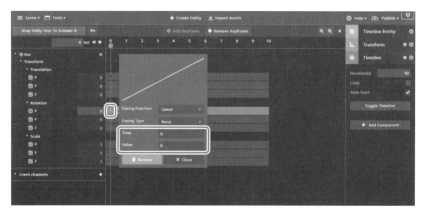

❺ 「Rotation」の配下にある「x」の10秒の位置をクリックします。

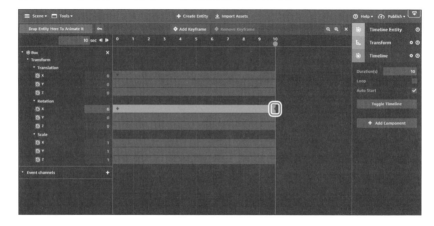

❻「◆」のマークが作成されるので、「◆」をクリックし、「Time」に「10」、「Value」に「90」を設定します。

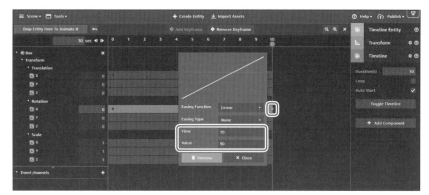

❼「Rotation」の配下にある「y」の0秒の位置をクリックします。

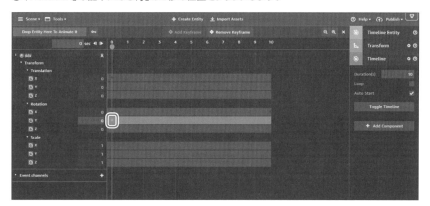

❽「◆」のマークが作成されるので、「◆」をクリックし、「Time」に「0」、「Value」に「0」を設定します。

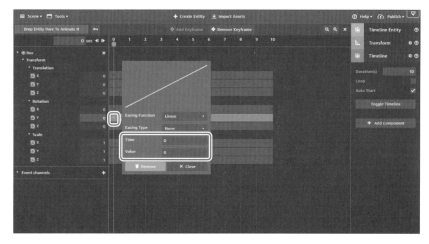

❾ 「Rotation」の配下にある「y」の10秒の位置をクリックします。

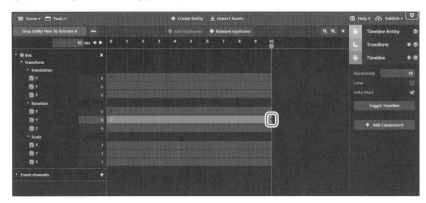

❿ 「◆」のマークが作成されるので、「◆」をクリックし、「Time」に「10」、「Value」に「90」を設定します。

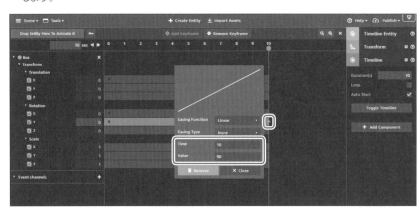

⓫ 「Rotation」の配下にある「z」の0秒の位置をクリックします。

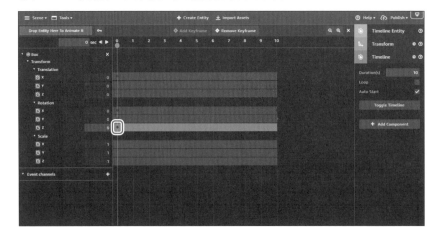

❷ 「◆」のマークが作成されるので、「◆」をクリックし、「Time」に「0」、「Value」に「0」を設定します。

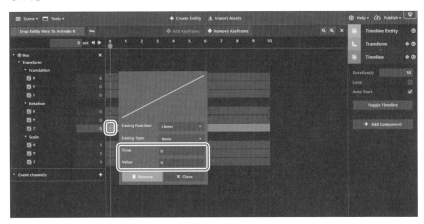

❸ 「Rotation」の配下にある「z」の10秒の位置をクリックします。

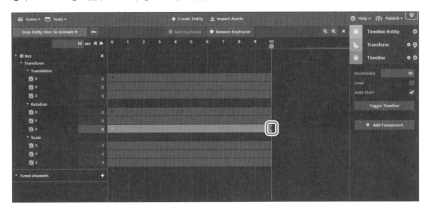

❹ 「◆」のマークが作成されるので、「◆」をクリックし、「Time」に「10」、「Value」に「90」を設定します。

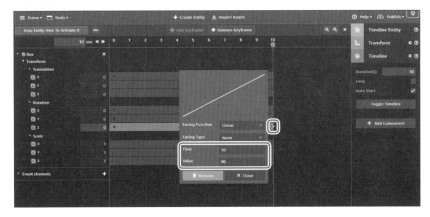

▶ 動作確認

次のように操作して動作確認を行います。

❶ シーンをプレビュー再生します。Canvas Menuにある「再生」をクリックします。

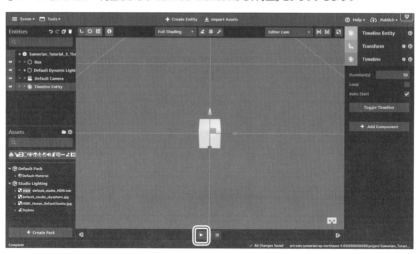

❷ シーンの再生が始まると、「Box」エンティティが自動で回転していることを確認します。

▍▍▍ コンポーネントの設定（Script）

本項では、Scriptの使用方法として、Scriptを使用してエンティティを移動する操作について説明します。

▶ シーンの作成

Script用のAmazon Sumerianのシーンを作成します。

❶ Dashboardの「Projects」から「Sumerian_Tutorial_3」をクリックし、「Create new Scene」をクリックします。

❷ シーンの作成画面が表示されるので、シーン名を入力し、シーンを作成します。今回はシーン名に「Sumerian_Tutorial_3_Script」と入力し、「Create」ボタンをクリックします。

▶ エンティティの配置

Scriptで操作するエンティティを追加します。

❶ 「Box」エンティティをシーンへ追加します。Menu Barの「Create Entity」をクリックします。

❷ エンティティの一覧が表示されるので、「3D Primitives」から「Box」をクリックします。

❸ Entities Panelに「Box」エンティティが追加され、Canvasに「Box」エンティティが表示され
ます。

▶ Scriptの設定

Scriptの動作を設定します。

❶ Scriptを設定します。Entities Panelで「Box」エンティティをクリックし、Inspector Panelの
「Add Component」ボタンをクリックすると表示される一覧から「Script」を選択します。

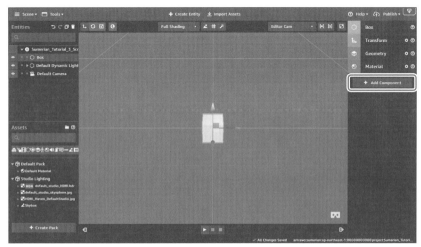

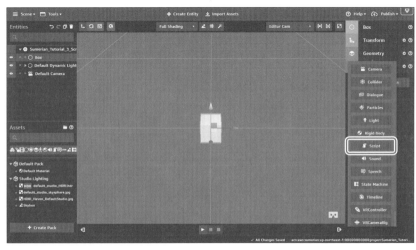

❷ Inspector Panelに追加された「Script component panel」内の「+」アイコン（Add Script）をクリックすると表示される一覧から「Custom（Legacy Format）」を選択します。

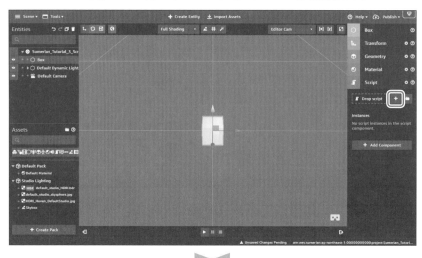

❸ 「Script」が追加されるのでペンアイコンをクリックし、Text Editorを表示します。

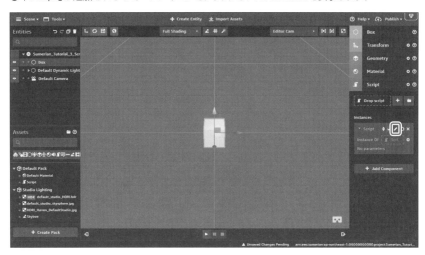

❹ Scriptを設定したエンティティを移動する下記のコードを「function fiexedUpdate(args, ctx)」内にコピーし、貼り付けます。

```
Function fixedUpdate(args, ctx) {
  ctx.entity.transformComproment.setTranslation(Math.sin(ctx.word.time)*3,0,0);
}
```

03
Amazon Sumerianの画面構成と基本操作

❺ 「Save」ボタンをクリックし、「Saved」と表示されたら、Text Editorを閉じます。

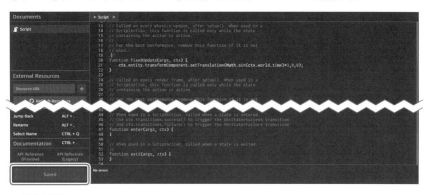

▶ 動作確認

次のように操作して動作確認を行います。

❶ シーンをプレビュー再生します。Canvas Menuにある「再生」をクリックします。

❷ シーン再生が始まると、「Box」エンティティが自動で移動することを確認します。

III コンポーネントの設定（State Machine）

本項では、State Machineの使用方法として、キーボードの操作でエンティティの色を変える操作について説明します。

State Machineは、エンティティごとにAmazon Sumerian側で用意したイベント・動作を状態遷移として表すことができます。また、前述したScriptと連携することでより詳細な動作を表すこともできます。

▶ シーンの作成

State Machine用のAmazon Sumerianのシーンを作成します。

❶ Dashboardの「Projects」から「Sumerian_Tutorial_3」をクリックし、「Create new Scene」をクリックします。

❷ シーンの作成画面が表示されるので、シーン名を入力し、シーンを作成します。今回はシーン名に「Sumerian_Tutorial_3_StateMachine」と入力し、「Create」ボタンをクリックします。

▶ エンティティの配置

State Machineを使用したシーンを作り込みます。

❶ 「Box」エンティティをシーンへ追加します。Menu Barの「Create Entity」をクリックします。

❷ エンティティの一覧が表示されるので、「3D Primitives」から「Box」をクリックします。

❸ Entities Panelに「Box」エンティティが追加され、Canvasに「Box」エンティティが表示されます。

▶ State Machineの設定（キー操作の設定）

State Machineのステート制御として、特定のキーを押した際にステートが遷移するように設定します。

❶ State Machineを設定します。Entities Panelで「Box」エンティティをクリックし、Inspector Panelの「Add Component」ボタンをクリックすると表示される一覧から「State Machine」を選択します。

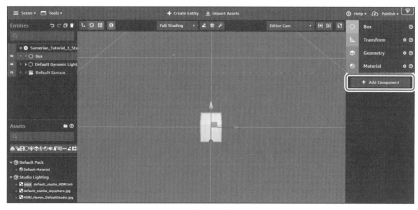

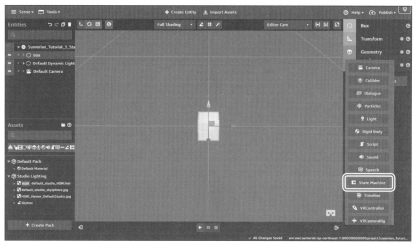

❷ Inspector Panelに追加された「State Machine」内の「+」アイコン(Add a new behavior to the component)をクリックします。

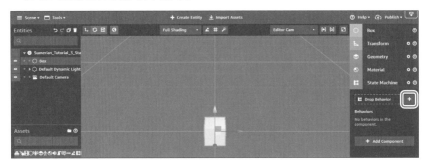

❸ Canvasの下にState Machine Editorが表示されます。

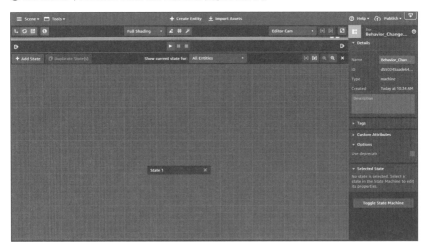

❹ ビヘイビアの名前を変更します。Inspector Panelの「Details」をクリックし、「Name」の「Behavior」を「Behavior_ChangeColor」に変更します。

❺ State Machine Editorに表示されている「State1」ステートを選びます。

❻ 「State1」ステートの名前を変更します。Inspector Panelにある「Selected State」に表示される「State1」を「State_KeyCheck」に変更します。

❼ 「State_KeyCheck」ステートにアクションを追加します。Inspector Panelにある「Add Action」ボタンをクリックし、Action Libraryを表示します。

Amazon Sumerianの画面構成と基本操作

❽ Action Library内の「Search」に「Key」と入力します。表示された「Key Down」アクション
をクリックし、「Add」ボタンをクリックします。

❾ State Machine Editorの「State_KeyCheck」ステートの中に、「On Key A Down」アク
ションが追加されていることを確認します。また、「State_KeyCheck」ステートをクリックし、
Inspector Panelの「Selected State」内に「Key Down」アクションが追加されていること
を確認します。

❿ 「State_KeyCheck」ステートをドラッグして移動させます。以降の手順で新規にステートを追
加すると同じ位置に作成されて重なっていくため、わかりやすいように作成済みのステートをあ
らかじめ移動しておきます。

▶State Machineの設定（色の設定）

特定のステートに遷移した際に、エンティティの色が変化するように設定をします。また、色が変更した後にキーの操作を再度受け付けるように設定をします。

❶ State Machine Editorの「Add State」をクリックし、ステートを作成します。作成後、State Machine Editorに「State1」ステートが追加されることを確認します。

❷ State Machine Editorに表示されている「State1」ステートを選びます。

❸「State1」ステートの名前を変更します。Inspector Panelの「Selected State」に表示される「State1」を「State_ChangeColor」に変更します。

❹ ステートにアクションを追加します。Inspector Panelにある「Add Action」ボタンをクリック
し、Action Libraryを表示します。

❺ Action Library内の「Search」に「Set Material Color」と入力します。表示された「Set Mate
rial Color」アクションをクリックし、「Add」をクリックします。

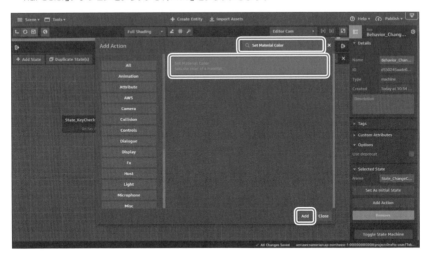

❻ 「State_ChangeColor」ステートをクリックし、Inspector Panelの「Selected State」内に
「Set Material Color」アクションが追加されていることを確認します。

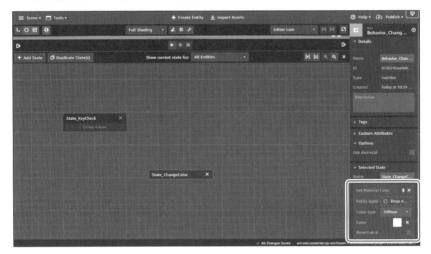

❼「Set Material Color」アクションの中のColorを選び、赤色を選びます。

❽ ステートにアクションを追加します。Inspector Panelにある「Add Action」ボタンをクリックし、Action Libraryを表示します。

❾ Action Library内の「Search」に「Key」と入力します。表示された「Key Down」アクションをクリックし、「Add」ボタンをクリックします。

❿ State Machine Editorの「State_ChangeColor」ステートの中に、「On Key A Down」アクションが追加されていることを確認します。また、「State_ChangeColor」ステートをクリックし、Inspector Panelの「Selected State」内に「Key Down」アクションが追加されていることを確認します。

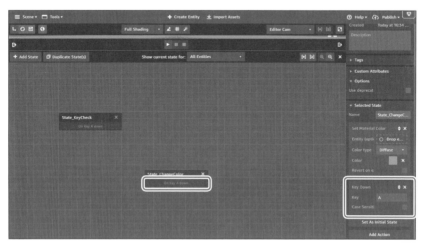

⓫ 「State_ChangeColor」ステートをドラッグして移動させた後、State Machine Editorの「Add State」を選び、ステートを作成します。作成後、State Machine Editorに「State1」ステートが追加されることを確認します。

⓬ State Machine Editorに表示されている「State1」ステートを選びます。

⓭ 「State1」ステートの名前を変更します。Inspector Panelの「Selected State」に表示される「State1」を「State_ResetColor」に変更します。

⓮ ステートにアクションを追加します。Inspector Panelにある「Add Action」ボタンをクリックし、Action Libraryを表示します。

⓯ Action Library内の「Search」に「Set Material Color」と入力します。表示された「Set Material Color」アクションをクリックし、「Add」ボタンをクリックします。

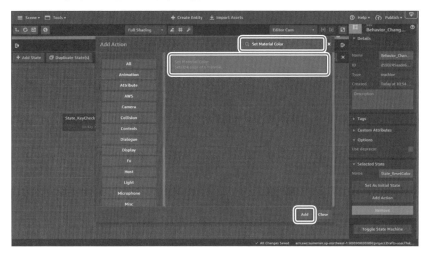

⓰ 「State_ResetColor」ステートをクリックし、Inspector Panelの「Selected State」内に「Set Material Color」アクションが追加されていることを確認します。

⓱ ステートにアクションを追加します。Inspector Panelにある「Add Action」ボタンをクリックし、Action Libraryを表示します。

⓲ Action Library内の「Search」に「Key」と入力します。表示された「Key Down」アクションをクリックし、「Add」ボタンをクリックします。

⓳ State Machine Editorの「State_ResetColor」ステートの中に、「On Key A Down」アクションが追加されていることを確認します。また、「State_ResetColor」ステートをクリックし、Inspector Panelの「Selected State」内に「Key Down」アクションが追加されていることを確認します。

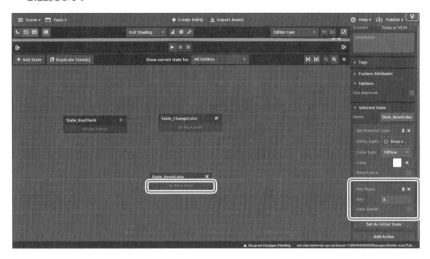

▶ ステートマシンの設定（遷移先の指定）

作成した各ステート同士を結び、ステートの遷移順序を指定します。

❶ 「State_KeyCheck」ステートと「State_ChangeColor」ステートを繋げます。これにより、キーを押すと、次の「State_ChangeColor」ステートに遷移します。

❷「State_ChangeColor」ステートと「State_ResetColor」を繋げます。これにより、キーを
押すと、次の「State_ResetColor」ステートに遷移します。

❸「State_ResetColor」ステートと「State_ChangeColor」を繋げます。これにより、キーを
押すと、次の「State_ChangeColor」ステートに遷移します。

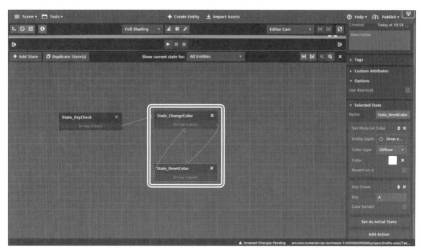

▶ 動作確認

次のように操作して動作確認を行います。

❶ シーンをプレビュー再生します。Canvas Menuにある「再生」をクリックします。

❷ シーン再生後、キーボードのAキーを押すと、「Box」エンティティの色が変わることを確認します。

CHAPTER 04

Amazon SumerianでVRデバイスを使ってみよう

Amazon Sumerianで
VRコンテンツを作ってみよう

前章では、Amazon Sumerianの画面や基本的な操作について解説しました。本章では、Amazon SumerianでVRデバイスを使用したVRコンテンツを作成する方法について解説します。

▌▌▌Amazon SumerianでVR用のシーンを作成する

この解説では、「VR空間上に3Dオブジェクトを配置し、VRデバイスのコントローラーを使って、掴む、動かす、色を変える」というVRコンテンツを作成します。

また、本章ではVRコンテンツの確認に、VRデバイスである「Oculus Quest」を使用します。

●コンテンツのイメージ図

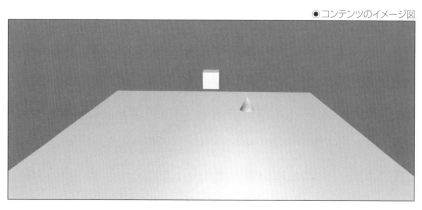

Amazon SumerianでVR用のシーンを作成する作業は、下記となります。

1 シーンを新規に作成する。

2 アセットパックをインポートする。

3 シーンへVRデバイスのエンティティを配置する。

4 シーンへ3Dオブジェクト(エンティティ)を配置する。

5 配置したエンティティに衝突判定を付与する。

6 ステートマシンでVRコントローラーの操作を設定する。

7 3Dオブジェクト(エンティティ)へスクリプトを設定する。

8 シーンを公開する。

▌▌▌シーンを新規に作成する

東京リージョンにシーンを作成します。シーンを新規に作成するには、次のように操作します。

❶ Amazon SumerianのDashboardを表示します。画面左上のAWSのアイコンをクリックし、AWSマネジメントコンソールのTOP画面を表示します。

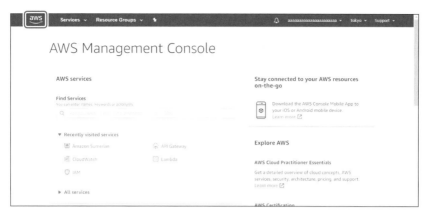

❷ AWSマネジメントコンソールの「Find Services」で「Sumerian」と入力し、検索結果から「Amazon Sumerian」をクリックします。

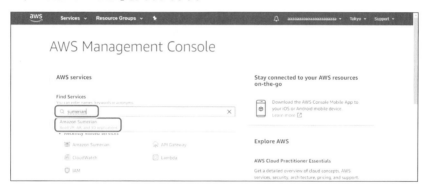

❸ 東京リージョンにプロジェクトとシーンを作成します。Navigation Barから「Asia Pacific (Tokyo)ap-northeast-1」を選択します。

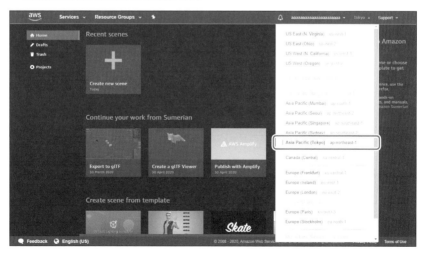

❹ DashboardのNavigation Sidebarにある「Projects」をクリックし、「New Project」をクリックします。

❺ プロジェクトの作成画面が表示されるので、プロジェクト名を入力し、プロジェクトを作成します。今回は「Project Name」に「Sumerian_Tutorial_4」と入力し、「Create」ボタンをクリックします。

❻ 「Create new scene」をクリックし、プロジェクト配下にシーンを作成します。

❼ シーンの作成画面が表示されるので、シーン名を入力し、シーンを作成します。今回は「Sumerian_Tutorial_4」と入力し、「Create」ボタンをクリックします。

▍▍▍アセットパックをインポートする

VRデバイスを利用するために必要なアセットパックを準備します。アセットパックをインポートするには、次のように操作します。

❶「VR Asset Pack」アセットパックをシーンへ追加します。Menu barの「Import Assets」をクリックします。

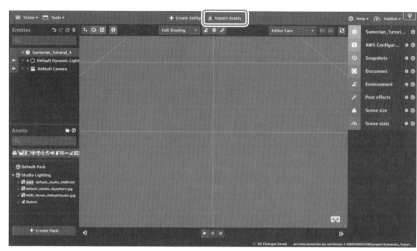

❷ アセットパック一覧が表示されるので、「Search Sumerian（検索窓）」に「VR」と入力します。一覧がVRに該当するアセットのみに絞り込まれるので、その中から「VR Asset Pack」アセットパックを選択し、「Add」ボタンをクリックします。

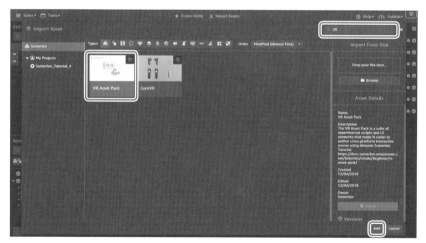

❸ Assets Panelにインポートした「VR Asset Pack」アセットパックが展開されていることを確認します。

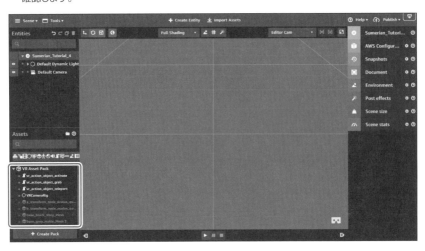

ONEPOINT **VR Asset Packについて**

本章で使用する「VR Asset Pack」アセットパックは、複数のVRデバイスに対応しており、使用しているVRデバイスに合わせて、カメラ、VRコントローラーの設定が自動で選択されます。

ONEPOINT **アセットパックの詳細確認について**

アセットのインポートの際に、アセットパックを選ぶと「Asset Details」に詳細情報が表示されます。「Asset Details」の中には、名前やサイズのほか、過去のバージョンを選んで利用することができます。

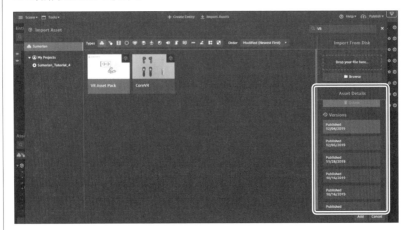

ⅢⅢ シーンへVRデバイスのエンティティを配置する

インポートした「VR Asset Pack」アセットパックから、VRデバイスの設定が入ったエンティティをシーンに配置し、シーン上にVRデバイスとして認識するよう設定します。シーンへVRデバイスのエンティティを配置するには、次のように操作します。

❶ 「VR Asset Pack」アセットパックの中から、「VRCameraRig」エンティティをCanvasにドラッグ&ドロップします。

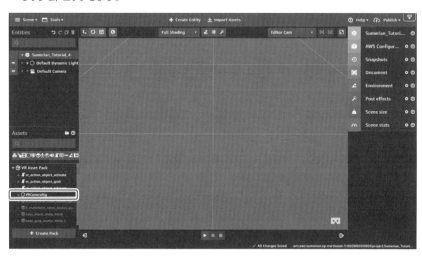

❷ ドラッグ&ドロップ後、シーン上にエンティティのコピーが開始されます。コピーが完了すると、Entities Panelに「VRCameraRig」エンティティが追加されます。

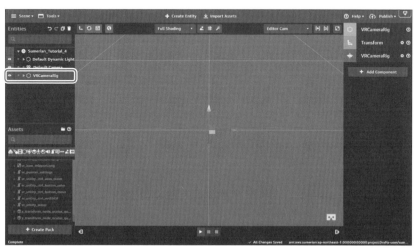

04

Amazon SumerianでＶＲデバイスを使ってみよう

❸ 「VRCameraRig」エンティティのVRカメラとVRコントローラーの設定を変更し、シーン上で利用ができる状態にします。「VRCameraRig」エンティティをクリックした後、Inspector Panelの「VRCameraRig」タブをクリックして展開します。

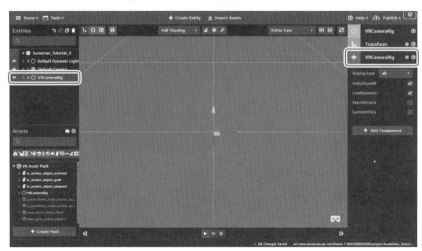

❹ 「VRCameraRig」配下にある「OnlyShowWhenPresenting」と「LoadGamePads」と「CurrentVRCameraRig」をONにします。

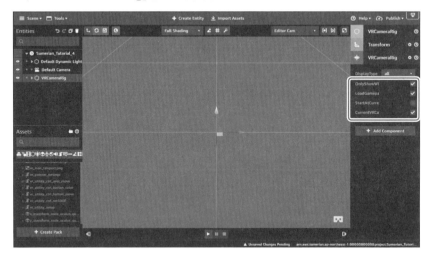

▐▐▐ シーンへ3Dオブジェクト（エンティティ）を配置する

VRコンテンツに表示するエンティティを作成します。今回は、「Box」エンティティ、「Cone」エンティティを使用します。シーンへ3Dオブジェクト（エンティティ）を配置するには、次のように操作します。

❶ VRコンテンツの床面となる「Box」エンティティをシーンへ追加します。Menu barの「Create Entity」をクリックします。

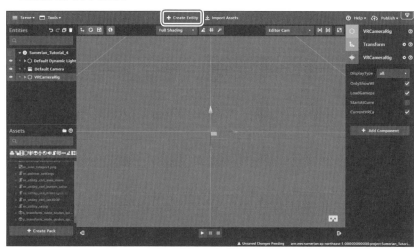

❷ エンティティの一覧が表示されるので、「3D Primitives」から「Box」をクリックします。

❸ Entities Panelに「Box」エンティティが追加され、Canvasに「Box」エンティティが表示されていることを確認します。

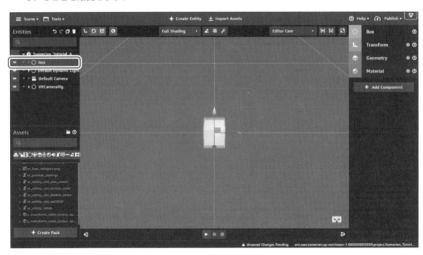

❹ Entities Panelの「Box」エンティティをクリックし、Inspector Panelの「Transform」のパラメータを下記の通り入力します。

コンポーネント名	X	Y	Z
Translation	0	0.1	0
Rotation	0	0	0
Scale	20	0.1	20

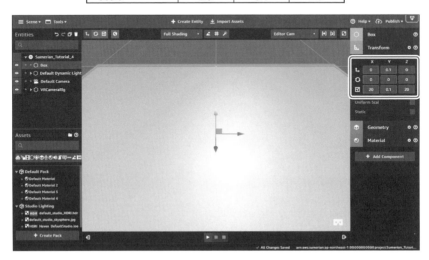

❺「Box」エンティティの名前を変更します。Inspector Panelの「Box」の「Details」を開き、「Name」の「Box」を「Ground」に変更します。

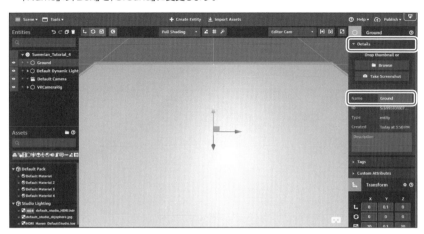

❻ VRコントローラーのレーザーを使って掴むことができる「Box」エンティティをシーンへ追加します。Menu barの「Create Entity」をクリックします。

❼ エンティティの一覧が表示されるので、「3D Primitives」から「Box」をクリックします。

❽ Entities Panelに「Box」エンティティが追加され、Canvasに「Box」エンティティが表示されていることを確認します。

❾ Entities Panelの「Box」エンティティを選び、Inspector Panelの「Transform」のパラメータを下記の通り入力します。

コンポーネント名	X	Y	Z
Translation	0	3.5	0
Rotation	0	0	0
Scale	1	1	1

❿ VRコントローラーのレーザーで触れると「Box」エンティティの色が変わるスイッチとして、「Cone」エンティティをシーンへ追加します。Menu barの「Create Entity」をクリックします。

⓫ エンティティの一覧が表示されるので、「3D Primitives」から「Cone」をクリックします。

⓬ Entities Panelに「Cone」エンティティが追加され、「Canvas」に「Cone」エンティティが表示されていることを確認します。

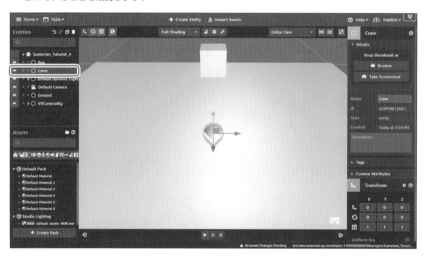

⓭ Entities Panelの「Cone」エンティティをクリックし、Inspector Panelの「Transform」のパラメータを下記の通り入力します。

コンポーネント名	X	Y	Z
Translation	2.5	1.2	−1.0
Rotation	−90	0	0
Rotation	1	1	1

▊▊▊ 配置したエンティティに衝突判定を付与する

　VRコントローラーで「Box」エンティティを掴んで移動した際、エンティティ同士がぶつかるように、「Box」エンティティと「Ground」エンティティに衝突判定の設定を追加します。配置したエンティティに衝突判定を付与するには、次のように操作します。

❶ Entities Panelから「Box」エンティティをクリックします。

❷ Inspector Panelの「Add Component」ボタンをクリックし、表示される一覧から「Collider」を選択します。設定の変更は不要です。

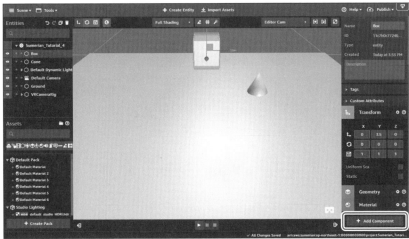

❸ 次に「Ground」エンティティに衝突判定を追加します。Entities Panelから「Ground」エンティ
ティをクリックします。

❹ Inspector Panelの「Add Component」ボタンをクリックし、表示される一覧から「Collider」
を選択します。設定の変更は不要です。

ステートマシンでVRコントローラーの操作を設定する

「Cone」エンティティをVRコントローラーでタッチすると、「Box」エンティティの色が変わる動
作を設定します。

▶ ステートマシンでイベントメッセージを発行する

ステートマシンでイベントメッセージを発行するには、次のように操作します。

❶ Entities Panelから「Box」エンティティをクリックし、Inspector Panelの「Add Component」
ボタンをクリックすると表示される一覧から「State Machine」を選択します。

❷ Inspector Panelに追加された「State Machine」内の「+」アイコン（Add a new behavior to the component)をクリックします。

❸ Canvasの下にState Machine Editorが表示されます。

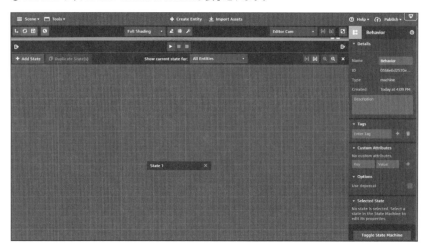

❹ 「Behavior」ビヘイビアの名前を変更します。Inspector Panelの「Details」を開き、「Name」の「Behavior」を「Behavior_ChangeColor」に変更します。

❺ State Machine Editorに表示されている「State1」ステートをクリックします。

❻ 「State1」ステートの名前を変更します。Inspector Panelの「Selected State」に表示される 「State1」を「State_ListenTapMessage」に変更します。

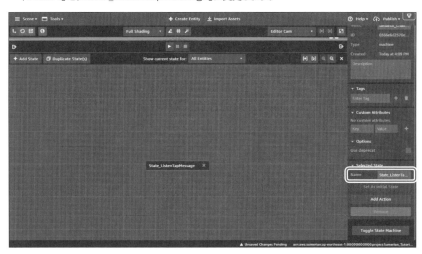

❼ 「State_ListenTapMessage」ステートにアクションを追加します。Inspector Panelにある 「Add Action」ボタンをクリックし、Action Libraryを表示します。

❽ Action Library内の「Search」に「Listen」と入力します。表示された「Listen」アクションを選択し、「Add」ボタンをクリックします。

❾ State Machine Editorの「State_ListenTapMessage」ステートの中に、「On event」アクションが追加されていることを確認します。また、「State_ListenTapMessage」ステートをクリックし、Inspector Panelの「Selected State」内に「Listen」アクションが追加されていることを確認します。

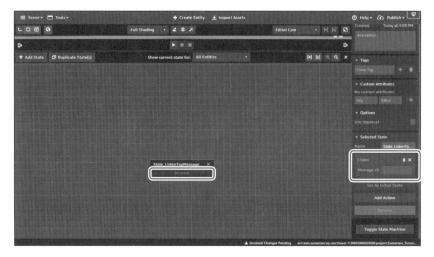

❿ 「Listen」アクションの「Message channel」にメッセージ「ChangeColor」を設定します。「State_ListenTapMessage」ステート内の「On event」アクションの表示が「On "Change Color" event」アクションに変わることを確認します。

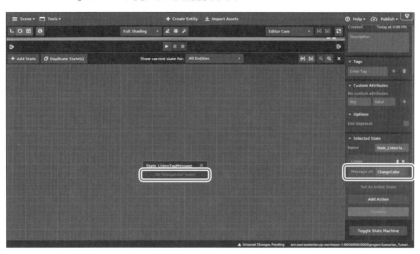

⓫ State Machine Editorの「State_ListenTapMessage」ステートをドラッグして移動させます。以降の手順で新規にステートを追加すると同じ位置に作成されて重なっていくため、わかりやすいように作成済みのステートをあらかじめ移動しておきます。

Amazon SumerianでVRデバイスを使ってみよう

▶ ステートマシンでエンティティの色を青色に変える

ステートマシンでエンティティの色を青色に変えるには、次のように操作します。

❶ 「ChangeColor」のイベントを受け取った際に、「Box」エンティティの色を変化させる動作を追加します。State Machine Editorの「Add State」をクリックし、ステートを作成します。作成後、State Machine Editorに「State1」ステートが追加されることを確認します。

❷ 「State1」ステートの名前を変更します。Inspector Panelの「Selected State」に表示される「State1」を「State_ChangeColorBlue」に変更します。

❸ 「State_ChangeColorBlue」ステートにアクションを追加します。Inspector Panelにある
「Add Action」ボタンをクリックし、Action Libraryを表示します。

❹ Action Library内の「Search」に「Set Material Color」と入力します。表示された「Set Mate
rial Color」アクションを選択し、「Add」ボタンをクリックします。

❺ State Machine Editorの「State_ChangeColorBlue」ステートをクリックし、Inspector
Panelの「Selected State」内に「Set Material Color」アクションが追加されていることを
確認します。

❻ 「Set Material Color」アクションの「Color」をクリックし、色を指定します。今回は青色を指
定します。Colorをクリックした後、RGB欄のパラメータをっかいの通り入力します。

	R	G	B
値	0	0	1.0

❼ 「State_ChangeColorBlue」ステートにアクションを追加します。Inspector Panelにある「Add Action」ボタンをクリックし、Action Libraryを表示します。

❽ Action Library内の「Search」に「Listen」と入力します。表示された「Listen」アクションを選択し、「Add」ボタンをクリックします。

❾ State Machine Editorの「State_ChangeColorBlue」ステートの中に、「On event」アクションが追加されていることを確認します。また、「State_ChangeColorBlue」ステートをクリックし、Inspector Panelの「Selected State」内に「Listen」アクションが追加されていることを確認します。

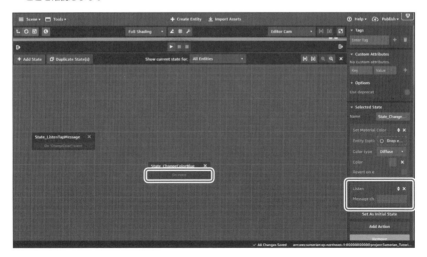

❿ 「Listen」アクションの「Message channel」にメッセージ「ChangeColor」を設定します。「State_ChangeColorBlue」ステート内の「On event」アクションの表示が「On "Change Color" event」アクションに変わることを確認します。

⓫ State Machine Editorの「State_ChangeColorBlue」ステートをドラッグして移動させます。以降の手順で新規にステートを追加すると同じ位置に作成されて重なっていくため、わかりやすいように作成済みのステートをあらかじめ移動しておきます。

▶ ステートマシンでエンティティの色を緑色に変える

ステートマシンでエンティティの色を緑色に変えるには、次のように操作します。

❶ State Machine Editorの「Add State」をクリックし、ステートを作成します。作成後、State Machine Editorに「State1」ステートが追加されることを確認します。

❷ 「State1」ステートの名前を変更します。Inspector Panelの「Selected State」に表示される「State1」を「State_ChangeColorGreen」に変更します。

❸ 「State_ChangeColorGreen」ステートにアクションを追加します。Inspector Panelにある「Add Action」ボタンをクリックし、「Action Library」を表示します。

❹ Action Library内の「Search」に「Set Material Color」と入力します。表示された「Set Material Color」アクションを選択し、「Add」ボタンをクリックします。

❺ State Machine Editorの「State_ChangeColorGreen」ステートをクリックし、Inspector Panelの「Selected State」内に「Set Material Color」アクションが追加されていることを確認します。

❻ 「Set Material Color」アクションの「Color」をクリックし、色を指定します。今回は緑色を指定します。Colorをクリックした後、RGB欄のパラメータを下記の通り入力します。

	R	G	B
値	0	1.0	0

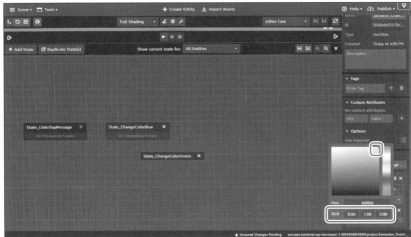

❼ 「State_ChangeColorGreen」ステートにアクションを追加します。Inspector Panelにある「Add Action」ボタンをクリックし、Action Libraryを表示します。

❽ Action Library内の「Search」に「Listen」と入力します。表示された「Listen」アクションを選択し、「Add」ボタンをクリックします。

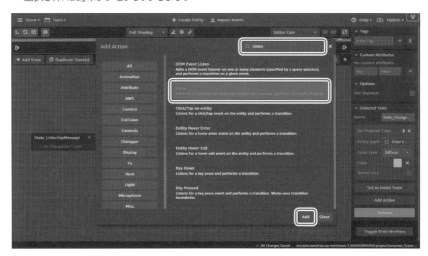

❾ State Machine Editorの「State_ChangeColorGreen」ステートの中に、「On event」アクションが追加されていることを確認します。また、「State_ChangeColorGreen」ステートを選び、Inspector Panelの「Selected State」内に「Listen」アクションが追加されていることを確認します。

⓾ 「Listen」アクションの「Message channel」にメッセージ「ChangeColor」を設定します。「State_ChangeColorGreen」ステート内の「On event」アクションの表示が「On "Change Color" event」アクションに変わることを確認します。

⓫ State Machine Editorの「State_ChangeColorGreen」ステートをドラッグして移動させます。以降の手順で新規にステートを追加すると同じ位置に作成されて重なっていくため、わかりやすいように作成済みのステートをあらかじめ移動しておきます。

▶ ステートマシンでエンティティの色を白色に変える

ステートマシンでエンティティの色を白色に変えるには、次のように操作します。

❶ State Machine Editorの「Add State」をクリックし、ステートを作成します。作成後、State Machine Editorに「State1」ステートが追加されることを確認します。

❷ 「State1」ステートの名前を変更します。Inspector Panelの「Selected State」に表示される「State1」を「State_ChangeColorWhite」に変更します。

❸ 「State_ChangeColorWhite」ステートにアクションを追加します。Inspector Panelにある「Add Action」ボタンをクリックし、Action Libraryを表示します。

❹ Action Library内の「Search」に「Set Material Color」と入力します。表示された「Set Material Color」アクションを選択し、「Add」ボタンをクリックします。

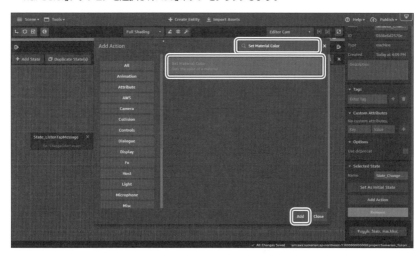

❺ State Machine Editorの「State_ChangeColorWhite」ステートをクリックし、Inspector Panelの「Selected State」内に「Set Material Color」アクションが追加されていることを確認します。

❻ 「State_ChangeColorWhite」ステートにアクションを追加します。Inspector Panelにある「Add Action」ボタンをクリックし、Action Libraryを表示します。

❼ Action Library内の「Search」に「Listen」と入力します。表示された「Listen」アクションを選択し、「Add」ボタンをクリックします。

❽ State Machine Editorの「State_ChangeColorWhite」ステートの中に、「On event」アクションが追加されていることを確認します。また、「State_ChangeColorWhite」ステートをクリックし、Inspector Panelの「Selected State」内に「Listen」アクションが追加されていることを確認します。

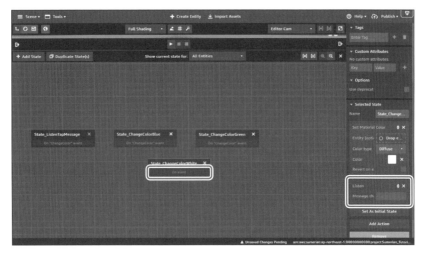

❾ 「Listen」アクションの「Message channel」にメッセージ「ChangeColor」を設定します。「State_ChangeColorWhite」ステート内の「On event」アクションの表示が「On "Change Color" event」アクションに変わることを確認します。

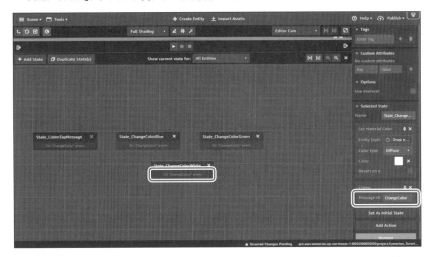

❿ State Machine Editorの「State_ChangeColorWhite」ステートをドラッグして移動させます。

▶ 作成したステートを繋げて遷移順序を指定する

作成したステートを繋げて遷移順序を指定するには、次のように操作します。

❶ 「State_ListenTapMessage」ステートの「On "ChangeColor" event」アクションと「State_ChangeColorBlue」ステートを繋げます。これにより、「On "ChangeColor" event」が発生した際に、次の「State_ChangeColorBlue」ステートに遷移します。VRコントローラーで「Cone」エンティティをタッチすることで、「Box」エンティティの色が青色に変わります。

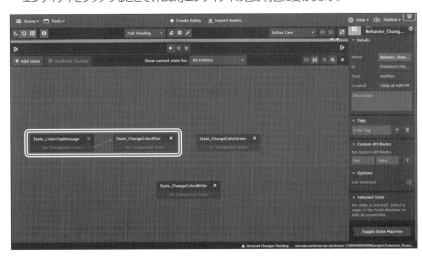

04

Amazon SumerianでVRデバイスを使ってみよう

❷ 「State_ChangeColorBlue」ステートの「On "ChangeColor" event」アクションと「State_ChangeColorGreen」ステートを繋げます。これにより、「On "ChangeColor" event」が発生した際に、次の「State_ChangeColorGreen」ステートに遷移します。VRコントローラーで「Cone」エンティティをタッチすることで、「Box」エンティティの色が青色から緑色に変わります。

❸ 「State_ChangeColorGreen」ステートの「On "ChangeColor" event」アクションと「State_ChangeColorWhite」ステートを繋げます。これにより、「On "ChangeColor" event」が発生した際に、次の「State_ChangeColorWhite」ステートに遷移します。VRコントローラーで「Cone」エンティティをタッチすることで、「Box」エンティティの色が緑色から白色に変わります。

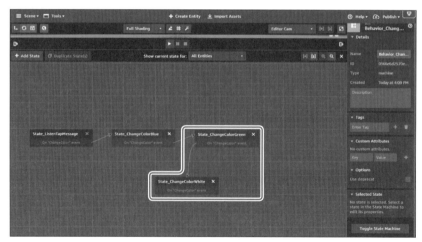

❹ 「State_ChangeColorWhite」ステートの「On "ChangeColor" event」アクションと「State_ChangeColorBlue」ステートを繋げます。これにより、「On "ChangeColor" event」が発生した際に、次の「State_ChangeColorBlue」ステートに遷移します。VRコントローラーで「Cone」エンティティをタッチすることで、「Box」エンティティの色が白色から青色に変わります。

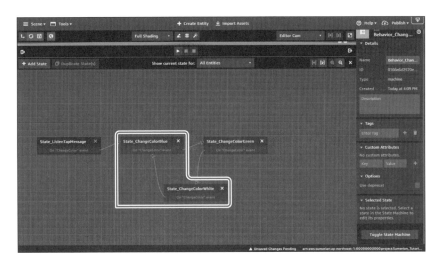

3Dオブジェクト（エンティティ）へスクリプトを設定する

「VR Asset Pack」アセットパックに用意されているVRコントローラー用のスクリプトを使用し、「Box」エンティティをタッチすると掴む動作を、「Ground」エンティティをタッチすると移動する動作を、「Cone」エンティティをタッチするとeventアクションを呼び出す動作を設定します。

3Dオブジェクト（エンティティ）へスクリプトを設定するには、次のように操作します。

❶ 「Box」エンティティに掴む動作を設定します。Entities Panelから「Box」エンティティをクリックします。

❷ Inspector Panelの「Add Component」ボタンをクリックし、表示される一覧から「Script」を選択します。

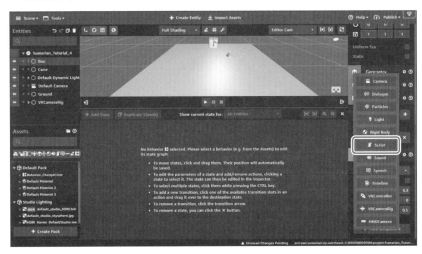

❸ Inspector Panelの「Drop script」にAssets Panelから「vr_action_object_grab」をドラッグ&ドロップします。

❹ 「Ground」エンティティに移動する動作を設定します。Entities Panelから「Ground」エンティティをクリックします。

❺ Inspector Panelの「Add Component」ボタンをクリックし、表示される一覧から「Script」を選択します。

❻ Inspector Panelの「Drop script」にAssets Panelから「vr_action_object_teleport」をドラッグ&ドロップします。

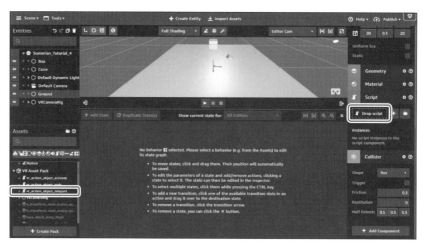

❼ 「Cone」エンティティにeventアクションを呼び出す動作を設定します。Entities Panelから「Cone」エンティティをクリックします。

❽ Inspector Panelの「Add Component」ボタンをクリックし、表示される一覧から「Script」を選択します。

❾ Inspector Panelの「Drop script」にAssets Panelから「vr_action_object_active」をドラッグ&ドロップします。

❿ Inspector Panelの「Instances」に「vr action object active」スクリプトが追加されているので、その中の「Input」の値を「OnActionButtonDown」に変更します。また、「Emit Message」の値に「ChangeColor」を設定します。

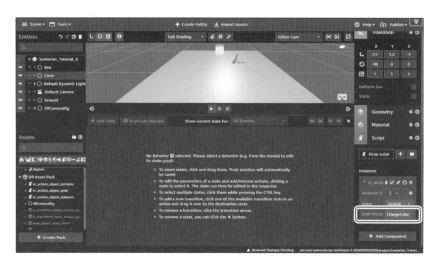

Ⅲ シーンを公開する

作成したシーンを公開するために、公開URLを準備します。

シーンを公開するには次のように操作します。

❶ Menu barにある「Publish」をクリックし、「Create public link」を選択します。

❷ 「Publish」ボタンをクリックし、シーンを公開します。

❸ シーンの公開URLが表示されます。公開URLは、VRデバイスからシーンを表示する際に必要
となるため、URLをメモしておきましょう。

04 Amazon SumerianでVRデバイスを使ってみよう

VRデバイスでシーンを確認しよう

前節までの作業でAmazon Sumerianのシーンの作成が完了したので、VRデバイスを使用し実際の動作を確認します。なお、本書ではVRデバイスの初期セットアップに関する作業の手順は割愛しているため、使用されるVRデバイスに応じて公式サイトのセットアップ手順をご確認ください。

- ● Oculus Questセットアップ手順

   URL https://www.oculus.com/setup/?locale=ja_JP

||| VRデバイスでAmazon Sumerianのシーンを表示する

この解説では、Oculus Questを使用し作成したシーンにアクセスし操作を行います。

VRデバイスでAmazon Sumerianのシーンを表示する作業は、下記となります。

1 Oculus Questでシーンを再生する。

2 シーンを操作する。

||| Oculus Questでシーンを再生する

Oculus Questでシーンを再生するには、次のように操作します。

❶ Oculus QuestからWebブラウザ（ChromeまたはFirefox）を起動し、公開したURLへアクセスします。

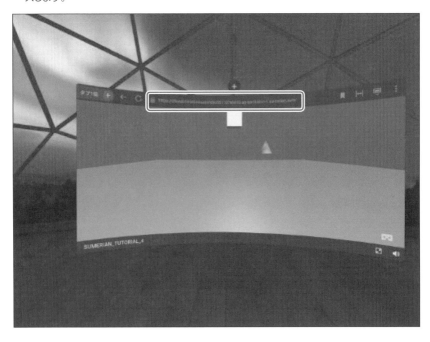

❷ シーンを再生した後、コンテンツ画面上に表示されている「VR headset icon」を選ぶことで、VRデバイスにコンテンツが表示されます。

Amazon SumerianでVRデバイスを使ってみよう

ONEPOINT	PC接続型のVRデバイスを使った動作確認について

　HTC VIVEのようなPCに接続するVRデバイスについては、Amazon Sumerianで公開したシーンや、Editor上のプレビュー再生でも動作の確認ができます。VRデバイスを接続したPCで公開したシーンのURLをブラウザに入力する、またはEditor上でプレビュー再生をした状態で「VR headset icon」を選ぶと、VRデバイスにシーンが表示されます。

シーンを操作する

VRコントローラーのレーザーで「Box」に触れた状態で、VRコントローラーのボタンを押すことで、Boxを持ち自由に移動させることができます。

VRコントローラーのレーザーで「Ground」に触れた状態で、VRコントローラーのボタンを押すことで、Groundの上を自由に移動することができます

　VRコントローラーのレーザーで「Cone」に触れた状態で、VRコントローラーのボタンを押すことで、「Box」の色が変わります。

　以上で、Amazon Sumerianを使用したVRコンテンツを作成する方法に関する解説は終了です。

CHAPTER 05

Amazon SumerianでARデバイスを使ってみよう

Amazon Sumerianで
ARコンテンツを作ってみよう

　前章では、Amazon SumerianでVRデバイスを使用したVRコンテンツの作成方法について解説しました。本章では、Amazon SumerianとAndroid端末を使用し、Android端末上で動作するARコンテンツを作成する方法について解説します。

▎▎▎ Amazon SumerianでAR用のシーンを作成する

　この解説では、「Android端末のカメラでARマーカーとなる画像を読み込み、AR空間上にキャラクターを表示させ、簡単なアニメーションを実行させる」というARコンテンツを作成します。

　また、このARコンテンツでは、Androidアプリケーションでシーンの公開URLを使ってARコンテンツの読み込む必要があるため、Amazon Sumerianでの作業のほかに、Windows端末を使用したAndroidアプリケーションの作成手順についても解説します。

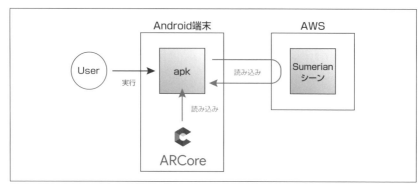

Amazon SumerianでAR用のシーンを作成する作業は、下記となります。

1 ARテンプレートを使用したシーンを新規に作成する。

2 アセットパックをインポートする。

3 シーンへ3Dオブジェクト（エンティティ）を配置する。

4 エンティティへスクリプトを設定する。

5 スクリプトに画像読み込み時のイベントを追加する。

6 ステートマシンでイベント発生時の処理を追加する。

7 ステートマシンでアニメーションを設定する。

8 シーンを公開する。

COLUMN	Amazon SumerianのARシーンが利用できる端末について

ARシーンの再生にはAndroid端末が「Google Play 開発者サービス（AR）」に対応している必要があります（旧名称は「ARCore」）。「Google Play 開発者サービス（AR）」はGoogle Playで公開されています。

ⅢⅢ ARテンプレートを使用したシーンを新規に作成する

東京リージョンにAR用のテンプレートを使用し、シーンを作成します。ARテンプレートを使用したシーンを新規に作成するには、次のように操作します。

❶ Amazon SumerianのDashboardを表示します。画面左上のAWSのアイコンをクリックし、AWSマネジメントコンソールのTOP画面を表示します。

❷ AWSマネジメントコンソールの「Find Services」で「Sumerian」と入力し、検索結果から「Amazon Sumerian」をクリックします。

❸ 東京リージョンにプロジェクトとシーンを作成します。Navigation Barから「Asia Pacific (Tokyo)ap-northeast-1」を選択します。

❹ DashboardのNavigation Sidebarにある「Projects」をクリックし、「New Project」をクリックします。

❺ プロジェクトの作成画面が表示されるので、プロジェクト名を入力し、プロジェクトを作成します。今回は「Project Name」に「Sumerian_Tutorial_5」と入力し、「Create」ボタンをクリックします。

❻ テンプレートを使用したシーンを作成するため、「Home」をクリックします。

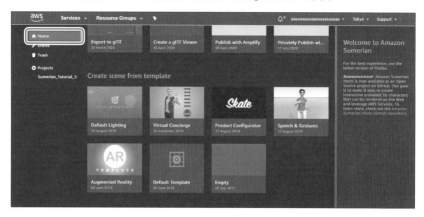

❼ 「Create scene from template」に表示されるテンプレート一覧から「Augmented Reality」をクリックします。

❽ シーンの作成画面が表示されるので、シーン名を入力し、シーンを作成します。今回は「Sumerian_Tutorial_5」と入力し、「Create」ボタンをクリックします。

❾ 作成したシーンをプロジェクトに移動するため、Dashboardに戻ります。「Scene」をクリックし、表示されるメニューから「Exit to dashboard...」を選択します。

❿ Dashboardに表示されている「Sumerian_Tutorial_5」シーンをクリックし、「Move」ボタンをクリックします。

⓫ プロジェクトの選択画面が表示されるため、「Sumerian_Tutorial_5」を選択し、「Move」ボタンをクリックして、シーンを移動します。

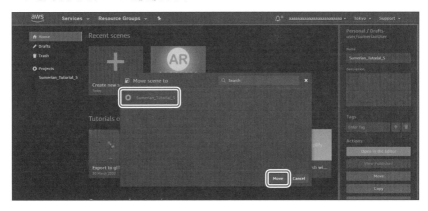

⓬ DashboardのNavigation Sidebarにある「Projects」をクリックし、「Sumerian_Tutorial_5」プロジェクトをクリックします。

⓭ 移動した「Sumerian_Tutorial_5」シーンを選択し、「Open」ボタンをクリックします。

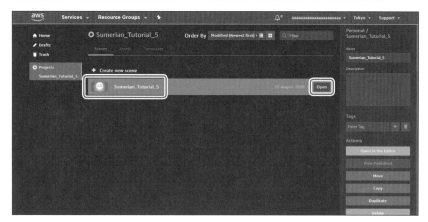

COLUMN　　「Augmented Reality」テンプレートの内容について

今回使用するテンプレートは、新規作成時に用意される標準リソースのほか、下記のリソースが追加で用意されており、AndroidアプリケーションとAmazon Sumerian間の接続を意識せずシーンの作成ができます。

- AR Camera：デバイスのカメラにマッピングさせるカメラエンティティ
- AR Camera Control：Amazon Sumerianがデバイスの拡張現実APIにアクセスするためのスクリプト
- AR Anchor：画像認証成功時に表示させるオブジェクトを制御するエンティティ

▐▐▐ アセットパックをインポートする

Sumerian Hostをシーンに表示するために、アセットパックを準備します。アセットパックをインポートするには、次のように操作します。

❶ Sumerian Hostをシーンへ追加します。Menu barの「Import Assets」をクリックします。

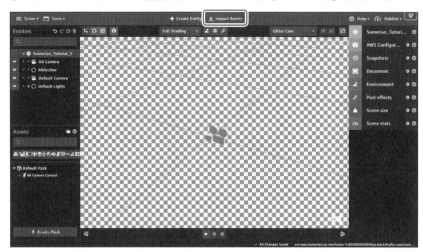

❷ アセットパック一覧が表示されるので、Typeから「Entities」を選択します。一覧がエンティティのみに絞り込まれるので、その中からSumerian Hostを選び、「Add」ボタンをクリックします。今回は「Jay Polo」アセットを使用します。

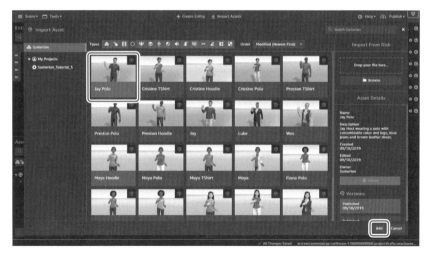

Amazon SumerianでARデバイスを使ってみよう

171

❸ Assets Panelにインポートした「Jay Polo」アセットパックが展開されていることを確認します。

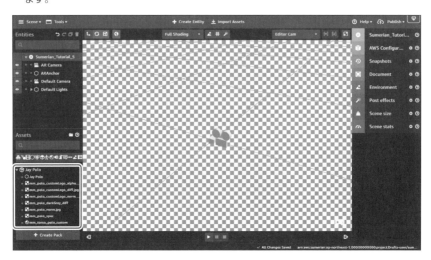

▌▌▌シーンへ3Dオブジェクト(エンティティ)を配置する

インポートした「Jay Polo」アセットパックから、「Jay Polo」エンティティをシーンに配置します。シーンへ3Dオブジェクト(エンティティ)を配置するには、次のように操作します。

❶ 「Jay Polo」アセットパックの中から、「Jay Polo」エンティティをCanvasにドラッグ&ドロップします。

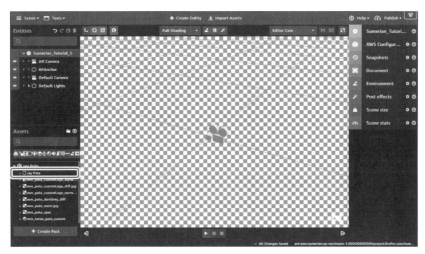

❷ ドラッグ&ドロップ後、シーン上にエンティティのコピーが開始されます。コピーが完了すると、Entities Panelに「Jay Polo」エンティティが追加され、Canvas上に「Jay Polo」エンティティが表示されます。

❸ 「Jay Polo」エンティティの向きと大きさを変更します。「Jay Polo」エンティティをクリックし、Inspector Panelの「Transform」のパラメータを下記の通り入力します。

コンポーネント名	X	Y	Z
Translation	0	0	0
Rotation	–90	0	0
Scale	0.1	0.1	0.1

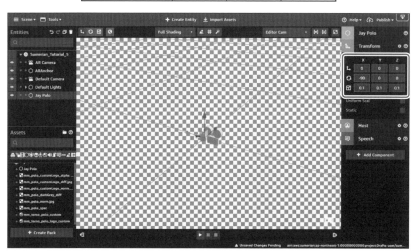

❹ Entities Panelの「Jay Polo」エンティティを「ARAnchor」エンティティ内に移動します。

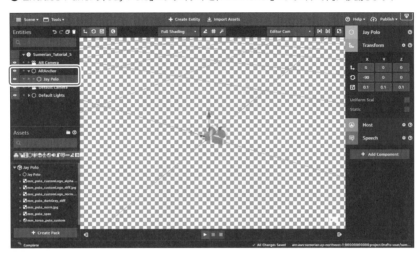

❺ Entities Panelにある「ARAnchor」エンティティのアイアイコンをクリックし、「ARAnchor」エ
ンティティを非表示にします。

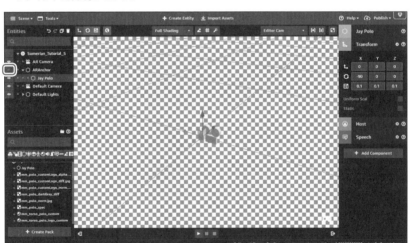

❚❚❚ エンティティへスクリプトを設定する

前項で非表示とした「ARAnchor」エンティティを、画像読み込み時にスクリプトを使って
シーン上に出現させる設定を行います。エンティティへスクリプトを設定するには、次のように
操作します。

❶ Entities Panelから「ARAnchor」エンティティをクリックします。

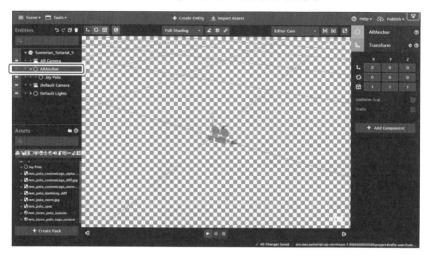

❷ Inspector Panelの「Add Component」ボタンクリックし、表示される一覧から「Script」を
選択します。

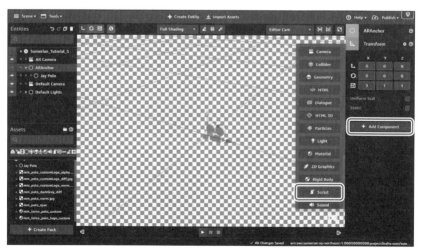

Amazon SumerianでARデバイスを使ってみよう

❸ Inspector Panelに追加された追加された「Script」内の「+」（Add script）ボタンをクリック
します。

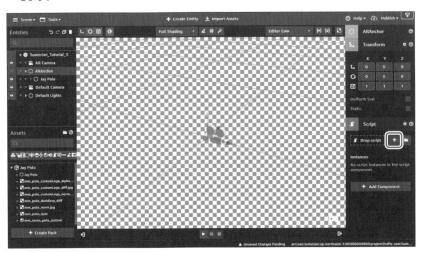

❹ スクリプトのフォーマット一覧が表示されるので、「Custom（Legacy Format）」フォーマット
を選択します。

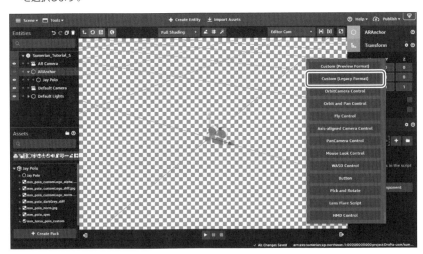

Ⅲ スクリプトに画像読み込み時のイベントを追加する

　スクリプト画像を読み込んだ際に、シーンを制御するためのイベントを通知します。スクリプトに画像読み込み時のイベントを追加するには、次のように操作します。

❶ Inspector Panelに追加された「Script」のペンアイコン（Edit script）をクリックし、Script Editorを表示します。

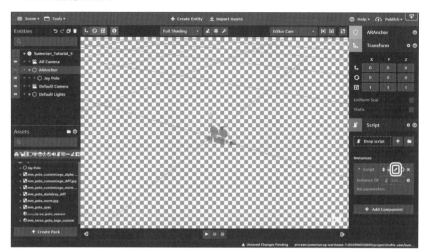

❷ Script Editorで追加したスクリプトを修正します。Documents Panelの「Script」をクリックし、表示されたペンアイコンをクリックします。

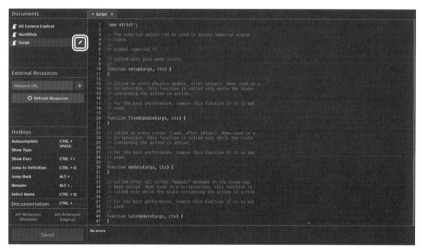

❸ ファイル名を変更します。今回は「Script」から「Script_ShowImage」に変更します。

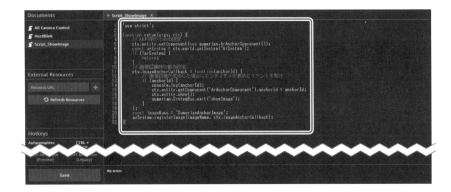

❹ Script Editorに表示される「Script_ShowImage」スクリプトの「setup」functionを下記の通りに修正します。このスクリプトの動きとしては、画像を読み込んだ際に「showImage」イベントを通知する動作が記載されています。次項でステートマシンがイベントを受け取った際の動作を設定します。

```
function setup(args, ctx) {
    // AR利用のための設定
    ctx.entity.setComponent(new sumerian.ArAnchorComponent());
    const arSystem = ctx.world.getSystem('ArSystem');
    if (!arSystem) {
        return;
    }
    // 画像認識時の動作設定
    ctx.imageAnchorCallback = function(anchorId) {
        // 画像認識が成功した場合にエンティティの表示とイベントを発行
        if (anchorId) {
            console.log(anchorId);
            ctx.entity.getComponent('ArAnchorComponent').anchorId = anchorId;
            ctx.entity.show();
            sumerian.SystemBus.emit('showImage');
        }
    };
    const imageName = 'SumerianAnchorImage';
    arSystem.registerImage(imageName, ctx.imageAnchorCallback);
}
```

❺ スクリプトエディタの「Save」ボタンをクリックし、修正を保存します。ボタンが「Saved」と表示され保存が完了した後、スクリプトエディタを閉じます。

ONEPOINT | **スクリプトの利用**

　作成したスクリプトはAssets Panelに保存されます。

　同じスクリプトを別のエンティティに使用したい場合は、Assets Panelのスクリプトを「Script」タブの「Drop script」内にドラッグ&ドロップすることで使用することができます。複数のエンティティへ適用しているスクリプトを修正すると、そのスクリプトを使用しているすべてのエンティティに影響があるため注意してください。

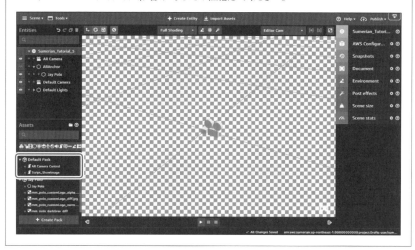

ステートマシンでイベント受け取りを設定する

シーン上にSumerian Hostを表示させた際の動作を設定していきます。はじめに、画像読み込み時のイベントを受け取る処理を設定します。

❶ 画像読み込み時のイベントを受け取る処理を設定します。Entities Panelから「Jay Polo」エンティティを選びます。

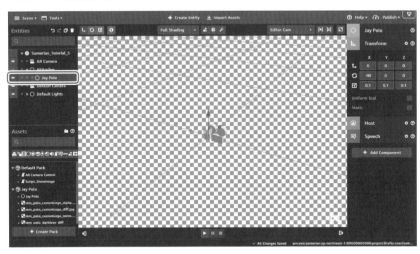

❷ Inspector Panelの「Add Component」ボタンをクリックし、表示される一覧から「State Machine」を選択します。

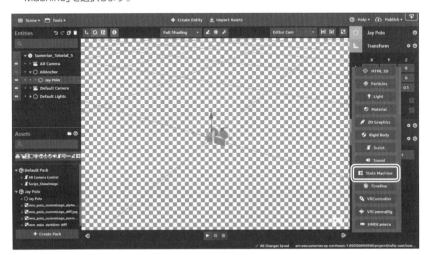

❸ Inspector Panelに追加された「State Machine」タブ内の「+」ボタン(Add a new behavior to the component)をクリックします。

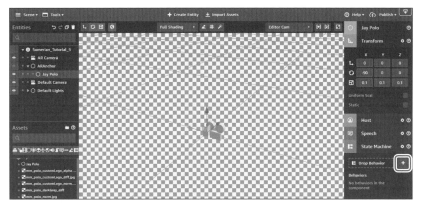

❹ Canvasの下にState Machine Editorが表示されます。

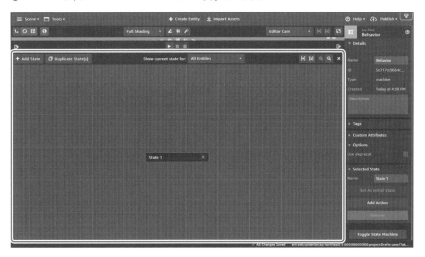

❺ 「Behavior」ビヘイビアの名前を変更します。Inspector Panelの「Details」を展開し、「Name」の「Behavior」を「Behavior_ShowHost」に変更します。

❻ State Machine Editorに表示されている「State1」ステートをクリックします。

❼ 「State1」ステートの名前を変更します。Inspector Panelの「Selected State」の「Name」に表示される「State1」を「State_ListenMessage」に変更します。

❽ ステートにアクションを追加します。Inspector Panelにある「Add Action」ボタンをクリックし、Action Libraryを表示します。

❾ Action Library内のSearch（検索窓）に「Listen」と入力します。表示された「Listen」アク
ションをクリックし、「Add」ボタンをクリックします。

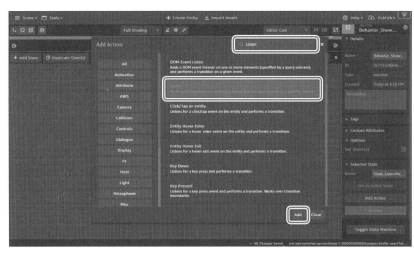

❿ State Machine Editorの「State_ListenMessage」ステートの中に、「On event」アクショ
ンが追加されていることを確認します。また、「State_ListenMessage」ステートをクリック
し、Inspector Panelの「Selected State」内に「Listen」アクションが追加されていること
を確認します。

⑪「Listen」アクションの「Message channel」にメッセージ「showImage」を設定します。メッセージを指定することで、「State_ListenMessage」ステート内の「On event」アクションの表示が「On "showImage" event」アクションに変わります。

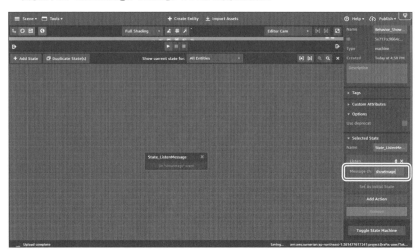

ステートマシンでSumerian Hostの動作を設定する

前項でステートマシンのイベント受け取りを設定したため、Sumerian Hostの動作を設定します。画像読み込み時にSumerian Hostが表示され、拍手を行います。さらにSumerian HostをAndroid端末画面上でタップするとガッツポーズを行う動作を追加します。

❶ State Machine Editorの「State_ListenMessage」ステートをドラッグし、左に移動します。新規にステートを追加すると、その際にステートが同じ位置に作成されてしまうため、あらかじめ移動しておきます。

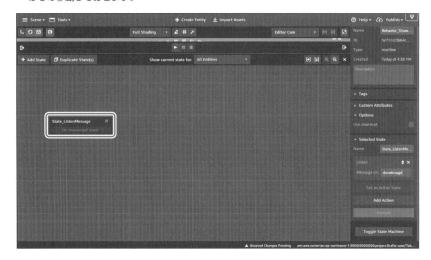

❷ Sumerian Hostが表示された際に、拍手を行う動作を追加していきます。State Machine Editorの「Add State」ボタンをクリックし、ステートを作成します。作成後、State Machine Editor内に「State1」ステートが追加されることを確認します。

❸ 「State1」ステートの名前を変更します。Inspector Panelの「Selected State」の「Name」に表示される「State1」を「State_WaitTap」に変更します。

❹ ステートにアクションを追加します。Inspector Panelにある「Add Action」ボタンをクリック
し、Action Libraryを表示します。

❺ Action Library内のSearch（検索窓）に「Play Emote」と入力します。表示された「Play
Emote」アクションをクリックし、「Add」ボタンをクリックします。

❻ State Machine Editorの「State_WaitTap」ステートの中に、「On Emote End」アクションが
追加されていることを確認します。また、「State_WaitTap」ステートをクリックし、Inspector
Panelの「Selected State」内に「Play Emote」アクションが追加されていることを確認します。

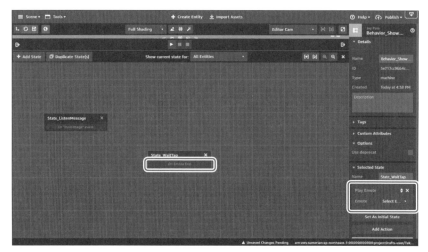

❼ 「Play Emote」アクションの「Select Emote」をクリックし、「applause」に変更します。

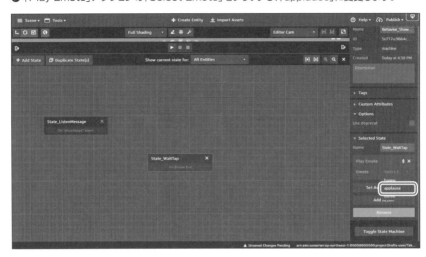

❽ Sumerian Hostをタップできるアクションを「State_WaitTap」ステートに追加します。「State_WaitTap」ステートをクリックし、「Inspector Panel」にある「Add Action」ボタンをクリックして、Action Libraryを表示します。

❾ Action Library内のSearch（検索窓）に「Click/Tap on entity」と入力します。表示された「Click/Tap on entity」アクションをクリックし、「Add」ボタンをクリックします。

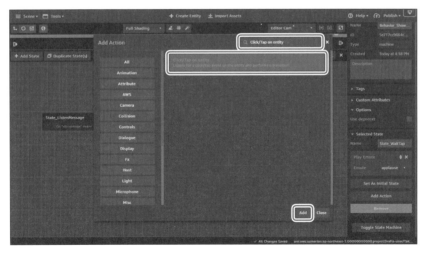

⓾ State Machine Editorの「State_WaitTap」ステートの中に、「On Click/Tap Entity」アクションが追加されていることを確認します。また、「State_WaitTap」ステートをクリックし、Inspector Panelの「Selected State」内に「On Click/TapEntity」アクションが追加されていることを確認します。

⓫ State Machine Editorの「State_WaitTap」ステートをドラッグし、左に移動します。新規にステートを追加すると、その際にステートが同じ位置に作成されてしまうため、あらかじめ移動しておきます。

⓬ Sumerian Hostをタップした後にガッツポーズを行う動作を追加します。State Machine Editorの「Add State」をクリックし、ステートを作成します。作成後、State Machine Editor内に「State1」ステートが追加されることを確認します。

⓭ 手順❸と同様に、追加された「State 1」ステートの名前を変更します。Inspector Panelの「Selected State」の「Name」に表示される「State1」を「State_PlayEmote」に変更します。

⓮ ステートにアクションを追加します。Inspector Panelにある「Add Action」ボタンをクリックし、Action Libraryを表示します。

⓯ Action Library内のSearch（検索窓）に「Play Emote」と入力します。表示された「Play Emote」アクションをクリックし、「Add」ボタンをクリックします。

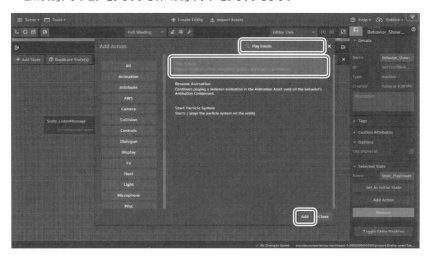

⓰ State Machine Editorの「State_PlayEmote」ステートの中に、「On Emote End」アクションが追加されることを確認します。また、「State_PlayEmote」ステートをクリックし、Inspector Panelの「Selected State」内に「Play Emote」アクションが追加されていることを確認します。

⓱ 「Play Emote」アクションの「Select Emote」をクリックし、「happy」に変更します。

⫼ 作成したステートを繋げて遷移順序を指定する

作成したステートを繋げて遷移順序を指定するには、次のように操作します。

❶ 各ステート同士を結び、ステートの遷移順序を指定します。「State_ListenMessage」ステート内の「On "showImage" event」アクションをクリックしたまま「State_WaitTap」ステートにカーソルを移動します。これにより「On "showImage" event」を受け取った際に、「State_WaitTap」ステートに状態が遷移します。

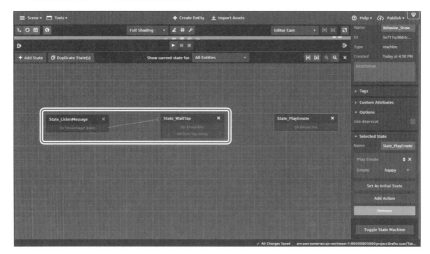

❷ 「State_WaitTap」ステート内の「On Click/Tap Entity」アクションをクリックしたまま「State_PlayEmote」ステートにカーソルを移動します。これによりSumerian Hostをタップした際に、「State_PlayEmote」ステートに状態が遷移します。

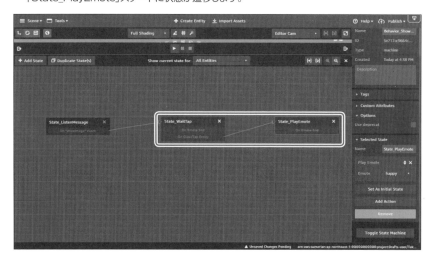

■■■ シーンを公開する

前項までの作業で、Amazon Sumerianで実施する作業は完了となります。

次に、シーンの公開を行い、Android端末で読み込む公開URLを準備します。

❶ Menu barにある「Publish」をクリックし、表示されるメニューから「Create public link」を選択します。

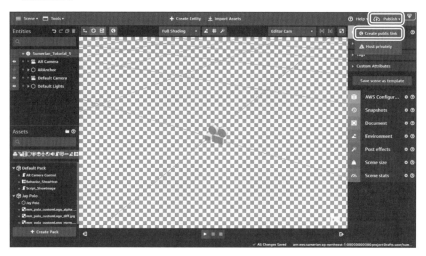

05

Amazon SumerianでARデバイスを使ってみよう

❷ 「Publish」ボタンをクリックし、シーンの公開を開始します。

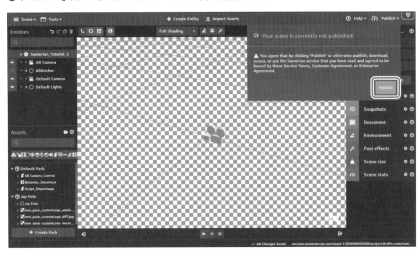

❸ シーンの公開URLが表示されます。シーンのURLは、次節のAndroid Studio上の作業で必要となるため、URLをメモしておきましょう。

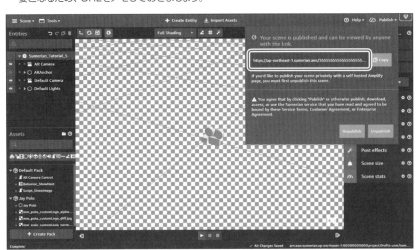

SECTION-013

シーンを再生するAndroidアプリケーションを作ってみよう

ここからは、Amazon Sumerianの操作を離れ、Androidアプリケーションの作成について解説します。本書ではAndroid Studioの準備については割愛します。

▌▌▌ Android StudioでAndroidアプリケーションを作成する

Android StudioでAndroidアプリケーションを作成する作業は、下記となります。

1 Android Studioを準備する。

2 AR Coreのソースをダウンロードする。

3 プロジェクトを表示する。

4 ソースコード編集(シーンの公開URLを変更)する。

5 apkファイルをインストールする。

▌▌▌ AR Coreのソースをダウンロードする

Amazon Sumerianでは、Android向けのARコンテンツを作成するためのスターターキットがGitHubにて公開されています。今回は、スターターキット「amazon-sumerian-arcore-starter-app」を使用し、作業を進めます。

❶ GitHubの「amazon-sumerian-arcore-starter-app」公開ページにアクセスします。

- 「amazon-sumerian-arcore-starter-app」サンプルコード

  URL https://github.com/aws-samples/

  amazon-sumerian-arcore-starter-app

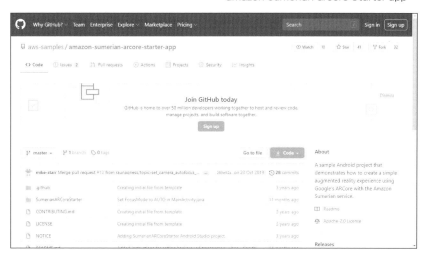

❷ GitHubからソースをzip形式でダウンロードします。「Code」ボタンをクリックし、「Download ZIP」をクリックします。ZIPファイルをダウンロード後、ファイルを解凍します。

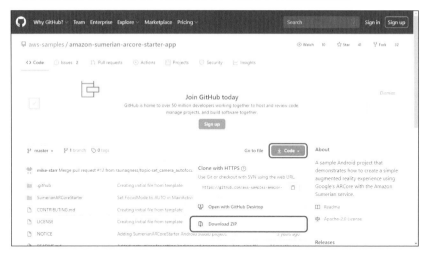

プロジェクトを表示する

前項でソースファイルの準備が完了したので、Android Studioを起動し、ソースファイルが格納されているプロジェクトを表示します。

❶ Android Studioを起動し、使用するプロジェクトを選択します。「Open an existing Android Studio project」(既存のプロジェクトを開く)をクリックします。

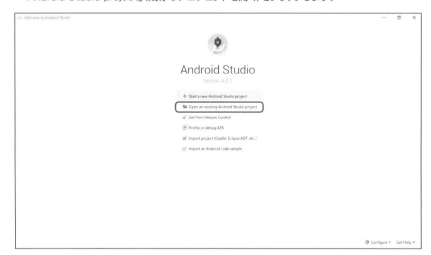

❷ プロジェクトの選択画面が開くので、前項でダウンロード/解凍したフォルダを表示し、「Sume
rianARCoreStarter」を選択し、「OK」ボタンをクリックします。

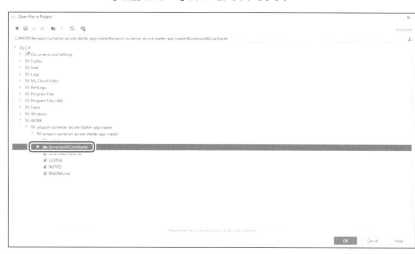

❸ プロジェクトを表示した際に、ビルドが実行されるので完了するまで待ちます。完了時「Gradle
Sync finished in［ビルド時間］」のメッセージが表示されます。

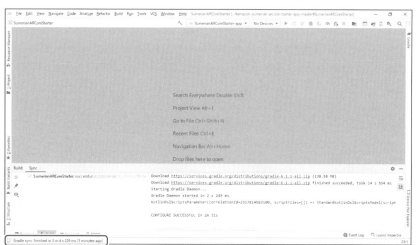

⦀ソースコードを編集する（シーンの公開URLを変更する）

　Android Studioでプロジェクトの表示ができたので、ソースコードの編集を行います。本項では、ソースコードに記載されているAmazon Sumerianの公開URLの変更と、画像読み込み時に使用する画像ファイルを変更します。

❶「Project」タブをクリックし、ファイル一覧を表示します。

❷ ファイル「/app/java/com/amazon/sumerianarcorestarter/MainActivity.java」をクリックし、ソースコードを編集します。ソースコード内のAmazon SumerianのシーンURL「SCENE_URL」変数を前項で公開したシーンのURLに修正し、URLの末尾に「/?arMode=true」と追記します。

❸ 次に、画像ファイルを変更します。読み込み時に使用する画像はファイル一覧の「app/src/main/assets/」に格納されています。今回は新たに画像ファイルを追加するため、「app/src/main/assets/」に画像ファイル「SumerianTutorial5.png」を追加します。

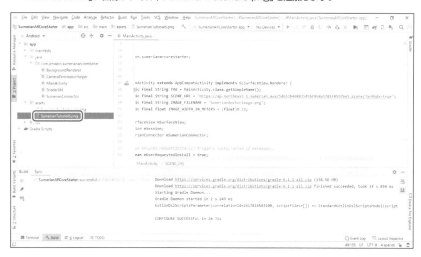

❹ 読み込み時に使用する画像のファイル名を変更します。ファイル「/app/java/com/amazon/sumerianarcorestarter/MainActivity.java」をクリックし、ソースコードを編集します。ソースコード内の画像ファイル名の「IMAGE_FILENAME」変数を「SumerianTutorial5.png」に変更します。

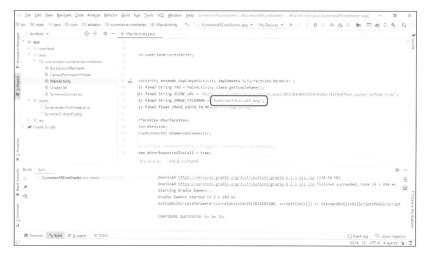

05

Amazon SumerianでARデバイスを使ってみよう

ONEPOINT 画像のサイズ指定

ファイル「/app/java/com/amazon/sumerianarcorestarter/MainActivity.java」では、画像ファイルの横幅（メートル単位）を定義している「IMAGE_WIDTH_IN_METERS」変数が存在します。画像を変更した際に、横幅が変更前の画像と異なる場合は、「IMAGE_WIDTH_IN_METERS」変数の変更が必要となります。

apkファイルをインストールする

前項でソースファイルの編集が完了したので、Android端末へapkファイルのインストールをします。インストールにあたり、端末を「開発者モード」に変更し、「USBデバッグ」を有効にしている必要があります。

❶ Android端末とPCをケーブルで接続します。接続時「USBデバッグの許可」メッセージが表示された場合は許可します。

❷ Android Studio上でビルドを実行します。「Run」メニューから「Run...」を選択します。

❸ ビルドの対象選択画面が表示するので、「SumerianARCoreStarter-app」を選択します。

❹ ビルドが開始するので、完了を待ちます。完了時に「Install successfully finished in [ビルド時間]」のメッセージが表示されます。

❺ ビルドが完了すると、Android端末でアプリケーションが起動することを確認できます。アプリケーションは端末内に「SumerianARCoreStarter」の名前でインストールされています。

05

Amazon SumerianでARデバイスを使ってみよう

ARデバイスでシーンを確認しよう

前節までの作業でAmazon Sumerianのシーン作成、Androidアプリケーション作成が完了したので、ARデバイスを実際の動作を確認します。

||| ARデバイスでAmazon Sumerianのシーンを表示する

この解説では、Android端末を使用し作成したシーンにアクセスし操作を行います。

ARデバイスでAmazon Sumerianのシーンを表示する作業は、下記となります。

1 Android端末でシーンを再生する。

2 シーンを操作する。

||| Android端末でシーンを再生する

Android端末でシーンを再生するには、次のように操作します。

❶ Android端末内にインストールされている、「SumerianARCoreStarter」というアプリケーションを起動します。起動後、カメラ越しの画面が表示されます。

⫼ シーンを操作する

シーンを操作するには、次のようにします。

❶ 画面読み込み用の画像をカメラに収めると、Sumerian Hostが画面上に表示され、拍手のアニメーションが開始します。

❷ 表示されたSumerian Hostをタップするとアニメーションが変わり、ガッツポーズを開始します。

以上で、Amazon Sumerianを使用したARコンテンツ作成の解説は終了です。

INDEX

■執筆者紹介

ひらお よしゆき
平尾 義之

東京電機大学大学院卒業後、NECソリューションイノベータ株式会社に入社し、Webアプリケーション開発や技術研究業務を経て、2018年よりAWSエンジニアとしてAWSの提案、設計・構築業務に携わる。

業務の傍ら、xRの可能性に興味を抱いて技術習得に励む中、Amazon Sumerianに出会い、その可能性に魅せられる。その後、自分たちのxRの技術がどこまで通用するか、「世界への挑戦」を目標に掲げ、社内で有志を集い、「Amazon Sumerian AR/VR Challenge」に挑戦。ARNavigationSystemが「Best Entertainment, Hospitality, and Media」を受賞。

現在は、社内のxR事業立ち上げの推進リーダーとして活躍中。日本VR学会 上級VR技術者認定。

よしみ たかひさ
吉見 隆寿

名古屋大学大学院卒業後、NECソリューションイノベータ株式会社に入社し、クラウドサービスを用いたAI、xRなどによる新しいUXに可能性を感じて、AWSを活用したシステム構築PJに携わりながら、「Alexa Skills Challenge」や新規事業創出活動に参加するなど積極的な技術獲得、事業化のトライを行っている。

「Amazon Sumerian AR/VR Challenge」では持ち前の行動力を活かし、一番の若手ながらチームリーダとしてメンバーを取りまとめ見事チームを大賞に導く。

わたなべ たかみつ
渡辺 貴充

公立はこだて未来大学卒業後、NECソリューションイノベータ株式会社に入社し、音声対話やモーション認識デバイスを活用したアプリケーション開発やネットワーク通信技術のサービス化に携わる。

2019年度よりARを活用した業務支援の検討を進め、サービス化を行っている。

「Amazon Sumerian AR/VR Challenge」では長年培ってきた開発スキルを発揮し、xR開発エキスパートとしてARNavigationSystemの開発を主導。

すみだ けいすけ
隅田 圭祐

龍谷大学卒業後、NECソリューションイノベータ株式会社に入社し、セキュリティ製品を使用したシステム 構築や保守業務に携わる。
2019年度より、ARを使用したシステム開発やサービス化業務をメインに活動をしている。
「Amazon Sumerian AR/VR Challenge」では、柔軟な発想力を武器に、xR開発エキスパートとしてVRトレーニングの開発を主導。
日本VR学会上級VR技術者認定。

なかお ゆうすけ
中尾 勇介

首都大学東京大学院卒業後、日本電気株式会社に入社し、UI/UXに関わる研究開発・現場支援に携わる。
2016年よりNECソリューションイノベータのxR事業立ち上げに参画し、事業戦略や技術開発を行っている。
「Amazon Sumerian AR/VR Challenge」ではUXデザイナーとして類稀なるセンスを発揮し、コンセプト立案やUXデザインを担当。
日本人間工学会 認定人間工学専門家。

編集担当：吉成明久 / カバーデザイン：秋田勘助(オフィス・エドモント)
写真：©Sergey Nivens - stock.foto

●**特典がいっぱいのWeb読者アンケートのお知らせ**

　C&R研究所ではWeb読者アンケートを実施しています。アンケートにお答えいただいた方の中から、抽選でステキなプレゼントが当たります。詳しくは次のURLのトップページ左下のWeb読者アンケート専用バナーをクリックし、アンケートページをご覧ください。

C&R研究所のホームページ http://www.c-r.com/

携帯電話からのご応募は、右のQRコードをご利用ください。

基礎から学ぶ Amazon Sumerian 基礎編

2021年4月20日　　初版発行

著　者	NECソリューションイノベータ株式会社
発行者	池田武人
発行所	株式会社　シーアンドアール研究所
	新潟県新潟市北区西名目所4083-6（〒950-3122）
	電話　025-259-4293　　FAX　025-258-2801
印刷所	株式会社　ルナテック

ISBN978-4-86354-342-3 C3055
©NEC Solution Innovators, Ltd., 2021

Printed in Japan